우주
모멘트

UCHU ICHI WAKARU, UCHU NO HANASHI
MUZUKASHII SUSHIKI NASHI DE SAISHIN NO TEMMONGAKU

ⓒ Nihonkagakujoho 2021
First published in Japan in 2021 by KODAKAWA CORPORATION, Tokyo.
Korean translation rights arranged with KADOKAWA CORPORATION, Tokyo through
JM Contents Agency Co.

우 주
모멘트

지은이 **일본과학정보**　감수 **와타나베 준이치**

옮긴이 **류두진**　한국어판 감수 **황정아**

토북

1장   우주란 무엇인가

7장   외계인

시작하며

여러분은 지금 우주를 여행하고 있습니다

우주에 오신 것을 환영합니다.

여러분은 지금 우주에 서 있습니다.

이런 말을 갑자기 듣는다면 여러분은 어떤 느낌이 드나요? 뜬구름 잡는 이야기로 여길지도 모르겠습니다. 우리가 '우주'라는 말을 들었을 때 가장 먼저 떠오르는 것은 대기권 밖에 있는 새카맣고 아무것도 없는 진공의 공간입니다. 그러니 갑자기 '여러분은 지금 우주에 서 있습니다'라고 해도 '그런 일은 있을 수 없다'라고 부정할 것입니다. 애초에 '우주'란 무엇일까요?

우주는 138억 년 전에 별안간 탄생했습니다. 인류가 그 미지의 역사를 밝혀내려고 하는 '우주'라는 존재는 과학과 낭만이 뒤섞인, 정말이지 불가사의로 가득 찬 세계입니다. 혹은 과학과 종교가 팽팽히 맞선 역사라고도 할 수 있습니다. 일찍이 과학자들은 '우주는 지구를 중심으로 돌고 있다'라고 믿었습니다. 하늘을 올려다보고 상세히 연구를 진행하면서 지구도 태양계의 구성 요소 중 하나라는 사실을 깨달았지요.

우리는 우주에 관해 생각할 때 무심결에 '지구'와 '지구 밖에 있는 것'을 구분합니다. 하지만 잘 생각해 보면 지구도 우주의 일부라는 사실을 알 수 있습니다.

우주 공간에 존재하는 물질은 우리 생활과 매우 밀접하게 연관되어 있습니다. 거실에 앉아 책을 읽을 때 우리는 테이블 앞 쇼파에 앉아 공기를 마시며 편히 쉬고 있습니다. 집을 나서면 도로에는 차가 달리고, 사람들은 밤낮으로 경제 활동을 합니다. GPS 위성은 지구 주위를 돌면서 자동차나 스마트폰의 위치를 알려줍니다. 그리고 아득히 멀리서 발생한 태양빛은 지구까지 도달해 우리의 일상을 밝게 비춰줍니다. 이러한 우리의 일상이 모두 우주와 깊은 관련이 있다는 것을 인지하고 있으신가요?

'광활한 우주'라는 말은 단순히 우주의 거시 세계만을 뜻하지 않습니다. 미시적으로 시선을 돌려보면 원자, 소립자 등의 세계도 우주라고 할 수 있습니다. 그러니 지구에 살고 있는 우리는 이미 우주에 와 있다고 할 수 있지요. 광활한 우주에서 일어나는 현상은 지구에서는 생각할 수 없는 불가사의한 것들로 가득하며 우리를 한껏 매혹합니다.

물론 우주를 안다는 것의 매력이 낭만뿐만은 아닙니다. 우주의 법칙을 배운다는 것은 우주에 존재하는 지구, 그리고 우주에 존재하는 '우리'를 배우는 것으로도 이어집니다.

1879년 독일 남서부에서 태어난 알베르트 아인슈타인. 다섯 살이 될 때까지 말을 거의 하지 않고 다른 사람과 대화를 하지 않았던 그는 아버지에게서 받은 나침반에 관심을 갖기 시작해, 이후 자연계의 구조와 수학을 배우고 아홉 살에 피타고라스의 정리를 증명했으며 열두 살에 미적분을 배웠습니다. 이 무렵 그는 천문학과 물리학에 관심을 갖고 다양한 연구에 몰두합니다. 그리고 스물여섯 살이 되었을 때 물리학 발전에 지대한 영향을 미친 세 가지 논문을 발표합니다. 빛의 정체는 원자와 같은 입자도 아니고 파동도 아닌 양자임을 주장한 '광양자 가설', 액체나 기체 중에 떠도는 미립자가 불규칙하게 운동하는 현상을 설명하는 '브라운 운동 이론', 그리고 전자기학적 현상 및 역학적 현상을 설명하는 '특수상대성이론'입니다. 당시 특허청에서 근무했던 아인슈타인을 아는 사람은 거의 없었고, 그의 논문 또한 전혀 주목받지 못했습니다. 그러나 훗날 이 세 편의 논문은 현대물리학의 근간이 되는 이론으로 지위를 확립합니다. 그리고 아인슈타인은 특수상대성이론에 중력을 편입시킨 '일반상대성이론'을 발표합니다. 중력에 의해 빛이 굴절하고 우주에는 블랙홀이 존재하며, 중력이나 움직이는 속도에 따라 시간이 느려진다는 것을 설명한 이론입니다.

어려운 단어가 죽 나열되어 있고 우리 생활과 전혀 접점이 없어 보이는 이 이론들. 우리 생활과 동떨어진 현상을 설명하는 내용이기 때문에 실감이 잘 나지 않습니다. 하지만 이 이론들이 현대를 살아가는 우리의 생활을 지탱하고 있습니다. 예를 들면 현재 위치를 알 수 있는 스마트폰입니다. GPS를 켜면 당연한 듯이 현재 위치를 표시하는 기술은 아인슈타인이 일반상대성이론을 발표하지 않았다면 실현이 늦어졌거나 불가능했을지도 모릅니다. 또 그가 발표한 광양자 가설은 현대물리학의 근간인 양자를 설명함과 동시에 우리 주위에 넘쳐나는 빛의 정체를 밝혀주는 이론입니다.

블랙홀을 예언한 일반상대성이론이 스마트폰의 위치 정보와 이어지는 등, 우주와 우리 생활은 밀접하게 관련되어 있습니다. 아니, 우리가 우주에 살고 있기 때문에 더욱 우주의 수수께끼를 밝혀내는 일이 우리 생활에 변화를 가져다준다고 할 수 있습니다.

현재 우주의 수수께끼를 밝혀내려는 영역은 아인슈타인이 설명하는 중력과 눈에 보이지 않는 미시 세계를 설명하는 양자역학입니다. 자세한 내용은 본문에서 소개하겠지만, 우리 주위에서 발생하는 온갖 현상은 모두 이 두 가지 이론으로 설명할 수 있습니다. 한 발짝 발을 들여놓는 것조차 거부하는 듯한 혹독한 우주의 환경과 따뜻하고 쾌적한 지구의 환경도 모두 같은 우주의 현상으로 설명할 수 있게 된 것입니다.

아인슈타인 덕분에 물리학이 비약적으로 발전한 한편, 아인슈타인 역시 우리와 같은 한 명의 인간입니다. 세상을 바꾸는 이론을 구축한 그도 숫자는 잘 외우지 못했습니다. 빛의 속도에 관한 질문을 받자 그는 기자에게 "책에 다 적혀 있는데 그걸 뭐 하러 외웁니까?"라고 말했다고 합니다. 1921년부터 해외여행에 나섰던 아인슈타인은 일본에 들러 강연을 한 적이 있습니다. 그는 훗날 아들에게 쓴 편지 중에서 일본인은 겸손하고 지성과 배려가 있으며 진정한 예술적 감각을 갖고 있다고 말했습니다. 그리고 연구를 통해 아인슈타인을 접했던 물리학자 로버트 오펜하이머는 그의 성격을 '마치 어린아이 같은 호기심을 갖고 있으며 대단한 고집불통이다'라고 말했습니다. 이처럼 우주 과학과 천문학, 그리고 그에 얽힌 사람들의 낭만을 접할 때마다 저는 너무나도 가슴이 두근거립니다.

소개가 늦었습니다. 저는 동영상 크리에이터 고고쇼고(우리말로 '오후 정오'라는 뜻_옮긴이)라고 합니다. 유튜브에 '일본 과학 정보'라는 콘텐츠로 우주와 물리학에 얽힌 수수께끼나 궁금증을 '어려운 수식 없이' 해설하는 동영상을 올리고 있습니다. '어려운 수식 없이' 해설한다는 설정을 내건 이유는 우주 과학과 물리학은 아무래도 수식이 항상 따라다니는 분야라서 다가가기 어렵다는 이미지가 있기 때문이었습니다. 실제로 '어려운 수식 없이' 해설하는 일은 쉽지 않아서 다른 유튜버분들과는 달리 동영상을 자주 올리지는 못합니다. 사전 조사나 자료 수집 시간을 제대로 확보한 다음에 대략 한 달에 영상 한 개를 업로드하고 있습니다. 덕분에 많은 시청자께서 호평하는 댓글을 남겨 주셨고, 2021년 10월 시점으로 16만 명을 넘는 분들이 채널을 구독하고 있습니다. 그리고 지금까지 올린 동영상 내용을 정리해 이번에 책을 출간하게 되었습니다. 이 과정에서 원고를 처음부터 재검토하고 대폭 가필 수정을 했으며, 일본국립천문대 부대장인 와타나베 준이치

교수께서 감수를 맡아 주셨습니다. 이 자리를 빌려 깊이 감사드립니다.

이 책을 읽다 보면 우주 및 물리학 연구와 우리 생활의 관계가 깊다는 것을 느낄 수 있을 것입니다. 앞에서 말씀드렸다시피 '우주'는 '우리 생활'과 밀접하게 연관되어 있습니다. 그 사실을 알게 된 바로 지금이 우주에 관해 깊이 있게 배워 볼 때가 아닐까요?

거듭 말씀드리지만 어려운 수식은 전혀 등장하지 않습니다. 젊은 사람부터 어르신들까지 많은 분이 읽어주기를 바라는 마음에 제목은 '우주에서 가장 알기 쉬운 우주 이야기(일본어판 제목『宇宙一わかる、宇宙のはなし』)'로 정했습니다. 이제 여러분의 '우주 감각'을 바꿀 여행을 떠나봅시다.

일본과학정보(고고쇼고)

추천의 글

우주에 관한 거의 모든 질문의 답을 풀어나가다

과학의 즐거움은 어찌 보면 순수한 질문과 호기심에서 시작되는지도 모른다. 아무도 궁금해 하지 않더라도 내가 궁금하면 빠져드는 것이다. 아인슈타인은 "가장 중요한 것은 질문을 멈추지 않는 것이다"라고 하지 않았던가.

우리는 우주 한복판에 살고 있다. 그럼에도 불구하고 우리가 우주에 대해서 알고 있는 정보가 여전히 별로 없다. 그렇기에 이 책을 추천하는 바이다. 이 책은 우주에 관해 생각할 수 있는 거의 모든 질문에 대한 이론적인 답을 담고 있다. 그렇다고 읽기 시작하기가 무섭게 금세 포기하게 만들어버리는 과학책이 아니라 친절하고 알기 쉽게, 이야기하듯 술술 풀어나가고 있다. 우주의 시작과 끝, 지구와 인류의 시작에

대한 저자의 꼬리를 무는 질문과 답이 우주를 이해하는 데 디딤돌이 되는 기초 원리들을 매우 흥미진진하게 전개하고 있다.

언젠가 광활한 우주를 여행해 보고 싶다는 로망이 있거나 우주 과학자가 되고 싶다는 꿈이 있다면, 반드시 읽어야 할 필독서다!

한국천문연구원 책임연구원
황정아

1장

우주란 무엇인가

우주는 어떻게 탄생했을까

인력과 중력의 차이

우주를 이해할 때는 '우주'라는 말이 무엇을 의미하는지를 이해하는 것이 가장 중요합니다. '우주'란 무엇일까요?

우주라는 말이 의미하는 바는 때와 경우에 따라 크게 다릅니다. 예를 들어 우리가 일상에서 말하는 우주란, 지구와 우주를 구분하기 위한 용어입니다. 로켓을 타고 우주로 떠나는 우주여행 등이 좋은 사례입니다. 원래 지구도 우주의 일부이니, 우리는 이미 국내외를 '우주여행'하고 있다고도 할 수 있습니다. 용어의 의미가 그리 중요한가, 라는 생각이 들 수도 있겠습니다. 하지만 용어가 나타내는 진짜 의미를 미리 이해

중력과 인력

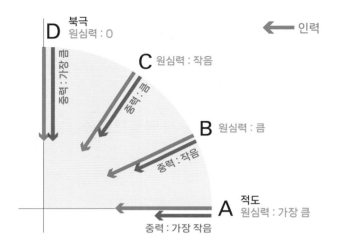

해 두는 것은 중요합니다. 예를 들면 '인력'과 '중력'이라는 두 가지 용어가 있습니다. 이 두 용어는 비슷한 것 같으면서도 의미가 다릅니다. 하지만 많은 사람이 오해하고 있는 것도 사실입니다. 별이 서로 끌어당기는 힘, 물질이 서로 끌어당기는 힘을 고전물리학에서는 인력이라고 하며, 현대물리학에서는 중력이라고 합니다.

중력을 구하려면 원심력을 빼야 합니다. 그래서 중력을 인력이라고 주장하려면 중력 앞에 반드시 수식어를 붙여야 합니다. 즉 '지구상의'라는 표현을 붙여서 '지구상의 중력'이 됩니다. '적도는 북극보다 원심력이 크므로 중력이 작다'라고

할 때 사용하는 중력의 의미는 '지구상의'라는 수식어가 생략된 중력을 뜻합니다.

한편 현대물리학이 나타내는 중력은 중력 중심으로부터 거리가 같다면 북극에서든 적도에서든 중력은 같습니다. 본래의 중력을 인력으로 표현하는 것이 옳았던 것은 일반상대성이론이 등장하기 전 시대입니다.

만유인력을 발견한 뉴턴

중력 발견의 흐름을 간단히 살펴보겠습니다. 1665년 아이작 뉴턴은 질량을 가진 모든 물질이 서로 끌어당기고 있다는 사실을 알게 되었고, 이를 하나의 공식으로 나타냈습니다. 바로 '만유인력의 법칙'입니다. 만유인력의 법칙으로 천체의 움직임을 예측해 계산 결과와 관측 결과를 대조했더니 천체의 움직임이 정확히 일치했습니다. 중력의 정체가 인력이라는 것이 증명되는 순간이었습니다.

그런데 문제가 발생합니다. 태양 근처를 도는 수성의 궤도를 만유인력의 법칙으로 아무리 계산해도 관측 결과와 계산 결과가 어긋났던 것입니다. 이 순간 옳은 줄로만 알았던 만유인력의 법칙이 무너졌습니다. 중력의 정체는 서로 끌어당기는 힘, 즉 '인력'이 아니었습니다.

만유인력의 문제를 해결한 일반상대성이론

이 문제를 해결한 인물이 알베르트 아인슈타인입니다. 1915년부터 1916년에 걸쳐 아인슈타인은 시간과 공간을 기하학의 무대로 나타내고, 그 무대가 질량과 상호작용한다는 사실을 알게 되면서 이를 하나의 공식으로 나타냈습니다. 바로 '일반상대성이론'입니다.

질량이 시공간을 왜곡시킨다

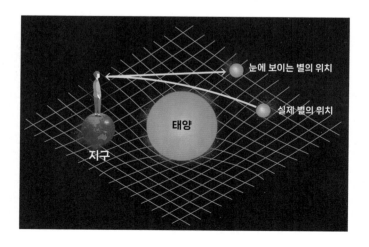

일반상대성이론에서는 질량이 시공간을 왜곡시키는데, 그 왜곡 자체가 중력 때문에 발생한 것입니다. 만유인력의 법칙으로 계산이 불가능했던 수성의 궤도를 일반상대성이론으로 계산했더니 계산 결과와 관측 결과가 정확히 일치했고, 일반상대성이론으로 중력을 설명할 수 있다는 것이 증명되었습니다.

서두가 길어졌는데, 중력이라는 하나의 키워드만으로도 관점을 맞출 필요가 있다는 것을 알 수 있습니다.

우주의 정의

그렇다면 우주라는 단어는 어떨까요? 말로 표현하자니 꽤 까다로운데, 다음 문장에는 우주의 본질이 담겨 있습니다.

'지구에서 보는 우주는 어둡고 추운 진공의 공간이다.'

물리학의 관점에서는 우주를 시공간 연속체의 집합으로 정의합니다. 그리고 현대물리학에서는 우주를 생성·팽창·수축·소멸하는 '물리계(모든 물리학적 대상_옮긴이) 중 하나'로 여깁니다. 요컨대 우리가 떠올리는 우주란 상상조차 할 수 없는는 무언가의 안에서 갑자기 탄생한 공간입니다. 우리가 만들어낸 현대물리학이 통용되는 범위는 '우리가 사는 우주'에만 국한됩니다. 만약 다른 물리 법칙을 가진 '무언가'가 있다면 다른 우주가 존재하는 셈이 됩니다.

이제 우주가 무엇을 의미하는지 관점을 맞출 수 있을 것입니다. 지금부터 소개하는 우주는 '우리 우주'가 대상입니다. 이 관점에서 우주란 무엇인지 이해해 보겠습니다.

우주는 점 하나에서 시작되었다

1929년 에드윈 허블은 오랜 기간에 걸쳐 24개의 은하 간 거리를 관측하고 어떠한 사실을 발견합니다. 바로 은하 간 거리가 계속 멀어지고 있다는 것입니다. 원래대로라면 대질량의 은하가 만들어내는 중력에 의해 은하끼리는 서로 가까워져야 하는데, 중력을 떨쳐내면서 은하 간 거리가 멀어지는 것입니다. 심지어 두 은하의 거리가 멀면 멀수록 은하 사이가 더 빠른 속도로 멀어집니다. 여기서 허블은 우주가 팽창하고 있다는 사실을 발견했습니다. 이에 따라 시간을 거슬러 올라가다 보면 우주는 점차 작아지고 결국 우주는 점 하나에서 시작되었다는 것을 예상할 수 있습니다.

우주 탄생 후 1초 사이에 무슨 일이 벌어졌을까

우주가 팽창한다는 것을 발견한 때부터 138억 년 전으로 거슬러 올라가 보겠습니다.

어떤 점 하나로부터 갑자기 공간이 탄생합니다. 공간은 네 가지 기본 힘만으로 채워져 있습니다. 원자와 분자는커녕 소립자조차 존재하지 않았습니다. 10^{31}℃라는 엄청난 온도에서 우주를 구성하는 네 가지 기본 힘인 '전자기력', '강력', '약력', '중력'이 하나의 힘으로 통일되어 있던 시대입니다.

우주가 탄생한 지 10^{-43}초 후, 통일되었던 힘 중에 중력이 분리됩니다. 중력이 분리되고 나서 10^{-36}초가 지나면 이어서 강력이 분리됩니다. 우주는 약한 전자기력과 강력, 중력, 이 세 가지 힘으로 구성됩니다. 10^{-32}초 후 공간이 30cm 정도 크기가 되면 에너지로부터 한순간 쿼크 등의 소립자가 만들어졌다가 곧장 서로 충돌하면서 다시 에너지가 되어 사라집니다. 우주가 더욱 냉각되자(10조℃), 생성되었던 소립자는 무작

빅뱅 이후 시간의 경과

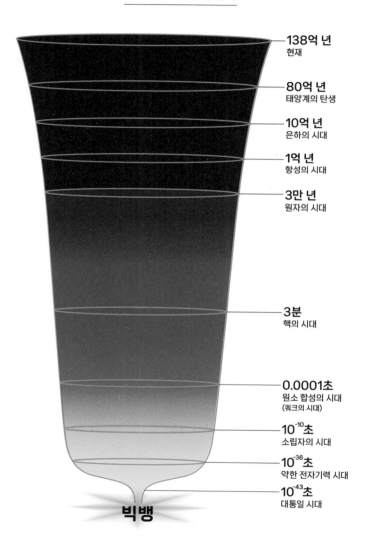

138억 년
현재

80억 년
태양계의 탄생

10억 년
은하의 시대

1억 년
항성의 시대

3만 년
원자의 시대

3분
핵의 시대

0.0001초
원소 합성의 시대
(쿼크의 시대)

10^{-10}초
소립자의 시대

10^{-36}초
약한 전자기력 시대

10^{-43}초
대통일 시대

빅뱅

위로 상호작용하면서 물질이 되고 그것이 다시 에너지가 되는 상태를 반복합니다. 이 상태에서 무언가의 계기로 때마침 우리 우주가 탄생하고 급격히 팽창했습니다. 이를 인플레이션(급팽창)이라고 합니다.

에너지로부터 입자가 만들어질 때 질량과 스핀(입자가 지닌 고유의 각운동량. 즉, 입자의 회전을 이름)이 완전히 같아지면서 전하가 정반대인 반입자가 생겨납니다. 그리고 반입자가 조합된 반물질이 만들어집니다. 물질과 반물질은 서로 부딪치면 물질이 지닌 질량을 모두 잃고 막대한 에너지가 됩니다. 즉, 에너지로부터 물질과 반물질이 만들어졌다가 다시 에너지로 돌아가는 상태가 극히 초기의 우주인 셈입니다. 에너지로부터 물질과 반물질이 만들어질 때 보통 비율은 정확히 1:1입니다. 하지만 무언가의 이유로 10억 분의 1의 비율로 물질의 양이 웃돌아, 소멸하지 않은 물질이 현재의 우주를 구성하고 있습니다.

우주가 탄생한 지 10^{-6}초 후에는 약한 전자기력이 전자기력과 약력으로 분리됩니다. 드디어 현재의 우주와 마찬가지로 네 가지 힘이 생겨납니다.

우주가 탄생한 지 1초 정도 지나면 우주는 화성의 공전 크기 정도가 됩니다. 온도는 1조℃까지 급속도로 떨어지고, 생겨났다가 사라지던 쿼크가 안정되기 시작합니다. 1,000억℃ 정도까지 온도가 내려가면 쿼크가 결합합니다. 곧장 붕괴하는 불안정한 쿼크도 있지만, 안정된 쿼크로부터 양성자와 중성자가 만들어지면서 우주가 채워집니다.

여러 가지를 말씀드렸는데, 여기까지 걸린 시간은 불과 1초입니다. 단 1초 사이에 우주는 극적으로 변화했습니다.

우주가 탄생한 지 1분 후

우주가 탄생한 지 1분 후, 우주는 1광년 크기까지 팽창합니다. 우주의 온도는 더욱 내려가고, 양성자와 중성자가 결합해 원자핵이 만들어집니다. 이미 1광년이 된 거대한 크기의 우주는 초기에 비하면 차갑지만, 아직 이 단계에서 우주의 온도는 100억℃입니다. 전자와 양성자, 중성자 중 일부는 수소를 만들거나 붕괴하는 등 입자는 제각기 움직이며 돌아다닙니다. 끈적하고 뜨거운 공간이었습니다.

우주가 탄생한 지 3분 후 우주는 더욱 팽창하고 온도도 내려가, 양성자와 중성자가 결합한 원자핵이 안정적으로 있을 수 있는 온도(1억℃)가 됩니다. 이 단계의 우주에서는 이미

물질이 만들어지기 시작하는데, 이 시대의 우주를 빛으로 관측할 수는 없습니다. 왜냐하면 원자핵과 전자가 제각기 움직이는 플라스마 상태였기 때문입니다. 전자가 자유롭게 움직이는 상태에서는 전자기파가 전자와 상호작용하기 때문에 똑바로 직진하지 않습니다. 이 공간에서는 빛이 완전히 흡수되고 맙니다. 이 단계를 '우주의 암흑시대'라고 부릅니다.

우주는 계속해서 더욱 팽창하고, 원자와 분자의 가스가 퍼져나갑니다. 가스로 채워진 우주는 팽창하는 가운데, 가스의 농도가 높은 부분의 중력이 강해져 균형이 무너집니다. 그리고 중력에 의해 별과 은하가 탄생하면서 현재의 우주가 만들어졌습니다.

우주의 팽창을 뒷받침하는 또 하나의 사실

우주의 시작을 예측할 수 있는 것이 팽창뿐만은 아닙니다. 우주 탄생을 알기 위한 또 하나의 중요한 요소는 '우주배경복사'입니다. 배경복사라고 하니 어렵게 느껴질 수도 있는데, 그 정체는 전자기파입니다.

앞서 소개한 대로 우주가 탄생하고 38만 년 정도까지는 우주 전체가 플라스마 상태였습니다. 양성자와 전자가 제각기 돌아다니는 상태에서는 전자가 빛(전자기파)과 상호작용하므로 빛은 직진하지 않습니다. 그런데 전자가 원자핵에 붙잡히자 빛은 상호작용하지 않고 방출됩니다. 이때 방출된 빛은 초고에너지였는데 우주가 팽창하면서 파장이 점차 늘어나, 현재의 마이크로파(파장이 1m~1mm인 전파) 정도까지 파장이 늘어납니다. 실제로 우주를 관측하면 모든 방향에서 마이크로파를 관측할 수 있습니다.

우주배경복사를 관측하면서 또 한 가지 흥미로운 사실이 밝혀집니다. 모든 방향에서 관측할 수 있는 배경복사는 완

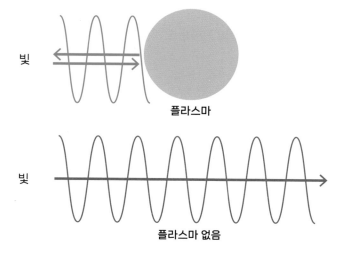

중력과 플라스마 상태에서 전자와 빛의 상호작용

전히 균일한 것이 아니라 미세한 비균일성이 있다는 것입니다. 배경복사의 비균일성이 생기려면 우주는 양자요동을 끌어당길 정도로 빠르게 팽창해야 합니다. 이 결과들은 우주가 탄생하고 급속도로 확장했다는 사실을 뒷받침합니다.

우주의 끝은 어디에 있을까

그렇다면 우주의 구조는 어떻게 되어 있을까요? 거시적 관점에서 우주의 물질을 살펴보면 우주를 지배하고 있는 힘은 중력입니다. 우주 탄생 초기의 양자요동은 급속한 확장으로 인해 그대로 끌어당겨집니다. 분포의 편차는 중력이 큰 부분과 작은 부분을 만듭니다. 중력이 큰 부분에는 물질이 모이고, 모인 물질로 인해 더욱 강한 중력이 발생합니다.

물질은 계속 모여들다가 은하계가 되고, 항성계와 행성이 만들어집니다. 더 거시적으로 보면 은하끼리는 중력에 의해 상호작용합니다. 이렇게 은하가 모인 은하군, 은하군이 모인 은하단을 형성하며 은하단은 마치 비누 거품처럼 우주를 채우고 있습니다. 이 구조가 '은하필라멘트'로, 현재 시점에서 생각할 수 있는 우주의 최대 구조입니다.

여기까지 이해하면 또 다른 궁금증이 생깁니다. '우주는 과연 어느 정도의 크기이고, 우주의 끝이 있는가'라는 점입니다. 우주의 크기를 알기 위한 최대 장벽은 우주 팽창입니다. 현재까지 옳다고 증명된 일반상대성이론에서 속도의 상한선은 빛이고, 빛보다 빠른 것은 존재하지 않습니다. 한편 우주의 가속 팽창은 빛의 빠름을 뛰어넘습니다. 따라서 원래점 하나에서 시작된 똑같은 우주 안에서조차 서로 전혀 상호작용하지 않는 영역이 존재합니다. 이 영역은 아무리 관측 기술이 향상하더라도 인류가 관측할 방법이 없습니다. 그래서 우주의 본래 크기와는 별개로 '관측 가능한 우주observable universe'라는 하나의 영역으로 표현합니다.

관측 가능한 우주의 크기는 465억 광년 크기

관측 가능한 우주는 어느 정도의 크기일까요? 우주는 138억년 전에 탄생했습니다. 우주 탄생 직후의 빛을 지금 우리가 관측한 경우, 빛의 이동 거리는 138억 광년입니다. 빛의 이동 거리, 그리고 138억 광년 사이에 우주가 팽창하고 있다는 점을 포함하면 관측 가능한 우주의 크기는 지구를 기점으로 반지름 약 465억 광년이라는 계산이 나옵니다.

흔히 하는 오해가 138억 광년 건너편은 팽창 속도가 빛보다 빨라 관측할 수 없으므로 관측 가능한 우주의 크기는 138억 광년이 아닌가 하는 것입니다. 우주의 팽창은 표면의 팽창이 아닌 모든 공간이 팽창하고 있으므로 138억 광년 전의 빛도 관측할 수 있습니다. 즉 팽창으로 늘어난 크기를 더하면, 관측 가능한 우주의 크기는 465억 광년입니다. 실제로 현재 초고성능의 천체 망원경을 사용해 아주 먼 은하나 퀘이사(가장 밝은 부류의 활동성 은하핵)를 볼 수 있다고 해도, 그것들은 이미 빛보다 압도적으로 빠른 속도로 지구에서 멀어지고 있

456억 광년 크기의 관측이 가능한 이유

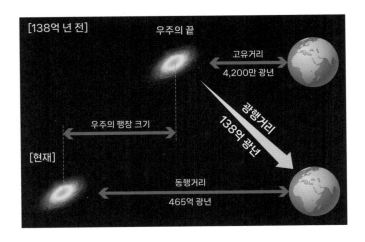

습니다. 그리고 아무리 고성능 망원경을 사용하더라도 관측할 수 없는 우주의 끝, 그 한계가 465억 광년입니다. 465억 광년보다 건너편에 있는 우주는 우리와 전혀 상호작용하지 않습니다. 참고로 465억 광년은 이론상의 수치이며, 현재 관측된 가장 먼 거리에 있는 은하의 거리는 320억 광년입니다.

우주의 최소 단위는 '소립자'

관측 가능한 우주의 크기가 아닌 우주 자체의 크기에 관한 다양한 설이 발표되었지만, 실제로는 전혀 알 수 없습니다. 앞에서도 설명했지만 관측 가능한 우주의 건너편은 상호작용하지 않기 때문입니다. 따라서 예상할 수 있는 것도, 다양한 가설이나 이론을 증명할 방법도 전혀 없습니다. 거시적 관점으로 우주를 알고자 하면 반드시 막다른 벽에 부딪히는 것입니다. 그래서 '거대한 우주도 작은 물질의 집합이다'라는 관점에서 우주의 모든 것을 알기 위한 연구 영역은 현재 미시적인 방향으로 전환되고 있습니다.

1890년대까지 우주의 최소 단위는 원자이고, 그 원자가 모여 우주를 구성하고 있다고 생각했습니다. 하지만 1900년 전후로 원자는 원자핵과 전자로 구성되어 있다는 사실이 밝혀졌습니다. 또한 원자핵은 양성자와 중성자로 되어 있으며, 양성자와 중성자 역시 소립자로 되어 있다는 사실이 밝혀졌습니다. 그리고 현재는 우주의 최소 단위를 소립자로 보고, 이를 관찰하고 연구함으로써 우주를 더욱 깊게 이해할 수 있게 되었습니다.

현재 밝혀진 소립자의 종류는 17가지입니다. 소립자의 등장은 1960년대 미국 연구진이 소립자 중 하나인 쿼크를 발견하면서 시작되었습니다. 소립자를 관찰하면 우주를 깊게 이해할 수 있는데, 여기서 커다란 문제에 부딪힙니다. 바로 소립자를 관찰하는 방법입니다. 소립자를 관찰하려고 전자

물질의 최소 단위

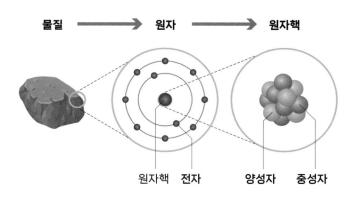

물질 ⟶ 원자 ⟶ 원자핵

원자핵　전자　　양성자　중성자

기파를 쏘아도 크기가 너무 작아 빠져나갔기 때문입니다. 그래서 빠져나가지 않게끔 파장을 짧게 해서 소립자에 닿게 했는데, 이번에는 소립자가 변화하고 맙니다. 소립자는 크기가 너무 작아 관찰이 불가능했습니다. 결국 현대물리학의 표준모형(양자역학)에서는 소립자를 이론으로 나타내 계산하기 위해 소립자의 크기를 '0' 또는 '점'으로 하기로 약속했습니다. 이로써 소립자 계산이 가능해졌고, 미시적 영역과 우주 대부분을 이해할 수 있게 되었습니다.

양자역학과 일반상대성이론에서 탄생한 '끈이론'

그런데 여기서 다른 문제가 발생합니다. 거시적으로 우주를 계산하는 일반상대성이론을 계산하려면 반드시 우주를 절대적인 길이로 표현해야 합니다. 그리고 양자역학은 우주의 최소 단위를 크기가 없는 '점'으로 표현합니다. 두 이론 모두 우리 우주를 옳게 설명하고 있지만, 두 이론을 통일하려고 하면 수학적으로 앞뒤가 맞지 않습니다. 일반상대성이론과 소립자의 표준모형은 통일할 수 없는 것입니다. 이는 바꿔 말해서, 일반상대성이론과 표준모형을 통일한다면 우주를 하나의 공식으로 나타내고 우주의 모든 것을 알 수 있다는 것입니다. 관측 가능한 우주의 건너편이나 우주의 크기, 우주의 탄생 순간을 말입니다. 그래서 두 이론을 통일하기 위해 전 세계의 물리학자들이 지혜를 모았습니다. 그 결과 1970년대에 '끈이론'이 등장합니다.

끈이론은 일반상대성이론과 표준모형을 통일한 것입니다. '이 세상의 모든 것을 나타내는 만물 이론이다'라고 주목받았는데, 역시 여기서도 문제가 발생합니다. 끈이론으로 우주를 계산하려면 우주는 10차원이어야 합니다. 우리가 사는 우주는 4차원이니, 여분의 6차원이 있다는 것입니다. 즉 여분의 차원을 없앨 수만 있다면 만물 이론은 완성됩니다. 그래서 전 세계 수학과 물리학의 천재들이 모여 6차원을 없애는 일에 도전했지만, 현재까지 단 한 사람도 성공하지 못했습니다. 6차원에 관한 새로운 개념이 생겨났는데 이를 증명할 방법도 없습니다. 결국 끈이론은 만물 이론이 될 수 없다는 사실이 밝혀지고 있습니다.

우주의 관측이나 현실감이 없는 물리학 연구는 우리 생활과는 동떨어져 아무런 이점도 없는, 그저 낭만인 것 같기도 합니다. 하지만 중력을 설명하는 일반상대성이론을 이용해 GPS를 만들었고, 미시 세계를 표현하는 양자역학이 레이저

기술과 컴퓨터에 혁명을 가져다 주었으며 환경 파괴와 천재지변으로부터 생명을 지킵니다. 우주를 연구함과 동시에 우리 생활이 더욱 풍요로워지고 있는 것입니다.

앞으로 일반상대성이론과 표준모형을 통일해 이 우주를 설명할 수 있는 만물 이론을 얻게 된다면 현재, 그리고 미래의 인류가 경험할 모든 문제를 해결할 수 있을 것입니다.

우주가 끝나는 시나리오

우주의 미래를 점치는 '미지의 물질'

빅뱅으로 탄생한 우주의 미래, 그리고 종말은 언제 어떻게 일어나게 될까요? 미래를 알기 위해서는 우선 현재의 우주를 이해할 필요가 있습니다.

1990년 무렵까지는 우주가 빅뱅의 여운으로 팽창한다고 보았습니다. 폭발의 충격으로 급격하게 확장되었다가, 시간이 지나면서 우주의 팽창 속도가 점점 느려진다는 것입니다. 이때 팽창보다 중력이 더 강하면 우주는 수축으로 전환되고 결국 점 하나로 돌아갑니다. 반대로 중력보다 확장 속도가 강하면 우주의 팽창은 속도가 줄어들면서 영원히 이어집니다. 이처럼 우주의 팽창, 수축과 관련해서는 크게 두 가지 패턴이 있었습니다.

그런데 1998년 Ia형 초신성이 관측되면서 천문학과 물리학에 충격을 던져 주었습니다. Ia형 초신성을 관측한 결과 우주의 팽창은 오히려 가속하고 있었던 것입니다. 그전까지 빅뱅으로 생긴 급격한 확장의 힘만으로 우주가 팽창한다고 여겼는데, 이 발견은 우주의 미래에 대한 사고방식을 크게 바꾸어 놓았습니다. 그렇다면 우주의 팽창이 가속되는 요인은 무엇일까요? 바로 '암흑에너지'입니다.

암흑에너지에 관한 세 가지 가설

우주가 팽창하면 새로운 공간이 만들어집니다. 그리고 우주의 팽창은 가속하고 있으므로 암흑에너지는 공간이 가진 에너지라고 볼 수 있습니다. 세 가지 가설로 그 이유를 확인해 보겠습니다.

가설 1 공간이 중력에 반발하는 작용을 가진다

공간 자체에 에너지가 존재하고, 활발하게 활동하고 있습니다. 우주가 팽창한다는 것은 공간이 늘어나고 있다는 뜻이고, 공간이 늘어남으로써 우주의 팽창이 가속된다는 사고로 이어집니다. 이는 그야말로 아인슈타인이 '우주는 정적인 것이다'라며 추가했던 우주상수 그 자체입니다. 우주상수(람다항)는 중력을 거스르는 힘이며, 가설 ①에서 말하는 암흑에너지의 성질과 유사합니다. 최신 물리학에서 아인슈타인의 람다항이 주목받은 것은 이 때문입니다.

가설 2 **공간에서 에너지 입자가 생겨났다가 사라진다**

공간은 생겨났다가 사라지는 입자로 채워져 있고, 이것이 에너지의 정체라고 생각하는 과학자도 존재합니다.

가설 3 **우주 자체에 미지의 에너지가 있다**

이 가설은 현재의 과학으로 생각할 수 있는 단순한 가설입니다. 하지만 우주는 확실히 가속 팽창하고 있습니다.

암흑물질이란 무엇일까

암흑에너지 말고도 짚고 넘어가야 하는 미지의 물질이 있습니다. 바로 '암흑물질'입니다.

우리가 평소에 보는 물체는 모두 물질입니다. 사람, 개, 고양이는 물론이고 집, 차, 공기, 원자 등 질량을 가진 것은 모두 해당됩니다. 온갖 기술로 우리는 이 모든 것을 관측할 수 있다고 생각해 왔습니다. 그런데 1980년대 은하의 구조와 물질의 양을 계산했더니, 은하의 구조를 유지하기 위한 질량이 턱없이 부족해 별이 흩어져버리고 마는 것입니다. 즉 은하의 형태를 유지하려면 '보이지 않는 무언가'가 존재해야 합니다. 그 정체 중 하나가 '암흑물질'입니다.

지금까지 진행된 연구로 얻은 지식을 사용(은하의 회전 곡선, 중력 렌즈와 원거리 천체와의 비교 등)하여 암흑물질의 특징을 어느 정도 추측할 수 있습니다. 암흑물질은 빛을 내지 않고, 빛을 반사하지 않는(빛을 굴절시키는) 새카만 물질입니다. 빛을 굴절시키므로 질량을 가졌거나 중력에 직접 작용한다는 것을 알 수 있습니다. 한편, 암흑물질은 기존에 알려진 미세 입자는 아닙니다. 입자라면 검출이 가능해야 합니다. 반물질도 아닙니다. 반물질이라면 물질과 작용해 감마선을 방출해야 합니다. 블랙홀도 아닙니다. 블랙홀이라면 주변에 있는 별에 더 강력한 영향을 미칩니다.

안타깝게도 암흑물질에 관해 현재 알려진 사실은 이것이 전부입니다. 정체불명의 물질이지만 이제까지 밝혀진 성질로 보면, 우주를 가속 팽창시키는 물질은 아니라는 것을 예상할 수 있습니다.

암흑물질과 암흑에너지가 주목받는 이유는 우주 공간에 이 두 가지의 양이 압도적으로 많기 때문입니다. 현재 밝혀진 물질의 양은 우주 전체의 약 5%에 불과하며, 암흑물질이 27%, 암흑에너지가 68%나 됩니다. 즉, 암흑에너지는 우주에서 가장 강력한 힘을 가졌다고 할 수 있습니다.

우주 종말의 네 가지 예측

눈에 보이지 않는 성질이 대부분이라는 상황을 바탕으로, 현시점에서 생각할 수 있는 우주의 미래를 살펴보겠습니다. 먼저 우주의 종말에는 네 가지 예측이 있습니다.

우주 종말 가설 1 빅립

빅립은 2003년, 비교적 최근에 나온 우주 종말 가설입니다. 앞서 설명한 대로 우주는 암흑에너지의 영향을 받아 가속 팽창합니다. 그리고 우주의 가속 팽창은 크기가 큰 것부터 영향을 주기 시작합니다. 이미 크게 영향을 주고 있는 영역은 은하군입니다. 은하군 안에 존재하는 은하들은 서로 중력으로 연결되어 오랜 시간을 거쳐 접근하고 있습니다. 반면 은하군과 은하군 사이는 서로의 중력보다 우주의 팽창 에너지가 강해서 점점 멀어지고 있습니다. 그 속도는 거리가 멀수록 빨라지며, 빛의 속도를 뛰어넘습니다.

　우주의 가속 팽창이 계속되면 점차 은하계에도 영향을 주기 시작합니다. 현재 은하계는 블랙홀이나 물질, 암흑물질의 중력으로 그 형태를 유지하고 있습니다. 그런데 우주의 팽창이 중력의 힘을 웃돌면 은하의 구조는 뿔뿔이 흩어지게 됩니다. 가속이 더 이어지면 지구, 태양 등과 같은 항성('별'의 천문학적인 표현으로, 스스로 빛을 내는 천체_옮긴이)은 자신을 붙들어 매는 중력보다 팽창 속도가 웃돌아 붕괴하기 시작합니다. 그리고 팽창 속도가 분자나 원자를 붙들어 매는 힘을 웃돌면서 우주를 지배하는 네 가지 힘마저 끊어 버립니다.

　마침내 소립자 크기 만한 영역의 공간 팽창이 빛의 속도를 뛰어넘으면, 입자들은 전혀 상호작용할 수 없고 뿔뿔이 흩어지면서 우주는 죽음을 맞이합니다. 즉, 빅립에서 말하는 종말은 가속 팽창 에너지가 은하, 행성, 원자, 소립자와 미시 영역까지 영향을 미쳐 모든 것이 뿔뿔이 흩어진 상태입니다.

우주 종말 가설 2 　빅크런치

　빅크런치는 '가속 팽창의 되감기'로 파악하면 쉽게 이해할 수 있습니다. 암흑에너지의 가속 팽창이 예상 보다 약하면, 어느 시점에서 우주 자체가 지닌 중력이 우위가 되고 우주는 수축으로 전환하기 시작합니다. 은하들은 서로 접근하고 점차 우주 전체의 온도가 올라갑니다. 우주배경복사의 온도가 항성의 온도를 웃돌아 별이 바깥쪽부터 파괴됩니다. 원자의 구조가 파괴되고, 곳곳에 블랙홀이 만들어집니다. 만들어진 블랙홀끼리 융합해 하나의 거대 블랙홀을 만들고 결국 우주는 점 하나에 집중되면서 죽음을 맞이합니다.

죽음을 맞이한다고 했는데, 빅크런치는 이후의 과정이 조금 더 있습니다. 점 하나에 집약된다는 말은 새로운 빅뱅이 생겨날 수도 있다는 것입니다. 이처럼 팽창(빅뱅)과 수축(빅크런치)을 반복하며 우주는 살아남는다고 볼 수도 있습니다.

우주 종말 가설 3 ▸ 열 죽음

열 죽음은 '열은 고온에서 저온으로 이동하고, 그 역은 성립하지 않는다'라는 열역학 제2법칙을 우주에 적용했을 때 생각할 수 있는 종말 시나리오입니다. 19세기에 독일의 생리학자인 헬름홀츠가 예측한 것으로, 우주가 영원히 존재할 경우 열 죽음이 일어난다고 합니다.

여기서 말하는 '열'이란 엔트로피를 가리킵니다. 엔트로피란 열역학에서 단열 조건하의 비가역성非可逆性을 나타내는 지표를 뜻하는데, 한마디로 '복잡도'를 나타냅니다. 예를 들어 뜨거운 차가 시간이 지나면 실온과 같은 온도까지 내려가듯이, 방안을 아무리 정리해도 시간이 지나면 또 어질러지듯이, 우주를 전체적으로 보면 항상 엔트로피는 증가합니다. 항성은 죽음과 탄생을 반복하면서 점차 엔트로피가 증가하고, 우주에는 물질의 입자와 가스만 존재합니다. 그렇게 되면 우주는 가장 수명이 긴 블랙홀만 떠다니는 공간이 됩니다. 모든 것을 빨아들이는 블랙홀 역시 호킹복사로 에너지가 방출되어 조금씩 증발합니다.

여기까지 오면 우주는 그저 원자가 흩어져 있는 공간일 뿐입니다. 만약 양성자나 중성자에도 수명이 있다면 그것들은 오랜 시간을 거쳐 전자기파를 방출하고, 우주는 물질이나 가스조차 존재하지 않는 전자기파만 날아다니는 쓸쓸한 세계가 됩니다. 오랜 시간을 거치면서 우주의 엔트로피는 극대화되어 죽음을 맞이하는 것입니다. 유일한 희망이 있다면, 양자역학의 터널 효과로 엔트로피가 감소하고 다시 빅뱅이 일어날 가능성이 있다는 정도입니다.

우주 종말 가설 4 가짜 진공 붕괴

세상의 모든 물질, 분자, 원자, 소립자는 에너지를 갖고 있습니다. 에너지를 가졌다는 말은, 매우 불안정하며 항상 에너지를 방출하려고 한다는 뜻입니다. 예를 들어 성냥으로 불을 붙이면 모든 것이 재가 될 때까지 완전히 타버립니다. 성냥의 상태보다 재의 에너지가 더 낮아서 불을 붙이는 것이 에너지를 방출하는 방아쇠가 됩니다. 양자역학의 세계에서 본다면 우주의 모든 물질은 이 상식에 따라 이미 에너지가 낮은 상태에서 안정되어 있습니다. 그런데 단 한 가지 예외가 있습니다. 바로 힉스장입니다.

힉스장이란 무엇일까요? 완전히 진공인 우주가 존재한다고 가정해 보겠습니다. 그곳에 있는 것은 공간뿐입니다. 그렇다면 공간이란 무엇일까요? 그곳에는 아무것도 존재하지 않습니다. 아무것도 존재하지 않는 장場이 있습니다. 장에서는 고요한 바다처럼 이따금 파동이 발생합니다. 예를 들면 전자기파입니다. 전자기장에 전자기파가 발생하면 광자라는 입자가 만들어집니다. 광자는 전자기파를 전달하는 입자입니다. 마찬가지로 힉스장에 파동이 발생하면 힉스입자가 만들어집니다.

힉스입자는 17종류의 소립자 중 하나로, 소립자에 질량을 부여합니다. 힉스장의 에너지 상태는 단지 하나의 마루 Crest(파동의 가장 높은 부분_옮긴이)만 넘는 일반적인 물질과는 다릅니다. 크게 떨어진 다음에 다시 작은 마루를 넘었다가 떨어지는, 두 개의 마루가 있는 롤러코스터와 같은 상태입니다. 현재 우주의 경우 힉스장은 첫 번째 마루를 내려와 두 번째 마루로 올라가지 않고 골Trough(파동의 가장 낮은 부분_옮긴이)에서 휴면 상태로 안정되어 있습니다. 이미 안정된 다른 물질과 달리 힉스장은 가짜 안정 상태에 있는 것입니다.

골에서 멈춰버린 롤러코스터는 힘을 가하지 않으면 안정된 채로 움직이지 않습니다. 그런데 양자의 세계에서는 힘을 가하지 않아도 마루를 넘을 가능성이 있습니다. 일반적으로 마루를 넘으려면 마루를 넘을 수 있을 만큼의 에너지가 필요합니다. 하지만 양자역학의 미시 세계에서는 마루를 넘지 않고도 마루를 관통해 건너편으로 가는 현상이 일어납니다. 산에 뚫린 터널에 비유해서 이를 '터널 효과'라고 부릅니다. 터널 효과로 힉스장이 다음 마루를 넘을 가능성이 있습니다.

우주 어딘가에서 만약 단 하나의 힉스장이 두 번째 마루를 넘은 경우, 힉스장이 지닌 방대한 에너지가 방출됩니다. 힉스장의 에너지 방출은 다른 힉스장이 마루를 넘는 방아쇠가 되고, 그 영향은 우주 전체에 파급됩니다. 힉스장의 전파 속도는 빛의 속도라서 거기서 벗어나는 것은 불가능합니다. 붕괴를 미리 알 수도 없습니다. 우주는 힉스장의 붕괴에 집어삼켜지고, 모든 물질과 공간이 붕괴합니다. 힉스장으로 생겨나는 것은 현재의 물리학에서 통용되지 않기 때문에, 그것이 무엇인지 현재로서는 알 수 없습니다. 그러나 현재의 우주는 죽음을 맞이합니다.

만유인력의 법칙이 우주를 지배하고 있었을 때 우리는 우주의 탄생부터 종말까지 모든 것이 예측 가능했습니다. 하지만 양자역학에서 불확정성 원리가 등장하자 우주는 예측 불가능한 것이 되었습니다. 한편 현재 인류는 우주 탄생 초기에 하나의 힘에서 분리된 네 가지 힘, '강력, 약력, 전자기력, 중력'을 하나로 통일하려고 합니다. 이미 두 가지 힘을 통일하는 데 성공하면서 우주 탄생으로부터 0.1초 후의 모습을 상상하는 것이 가능해졌습니다. 만약 네 가지 힘을 통일하는 만물 이론을 완성할 정도의 지능을 인류가 얻게 된다면 우리는 우주의 진짜 모습을 알 수 있을 것입니다.

우주 이론과 기술의 발전

초끈이론, 끈이론. 누구나 한 번쯤은 들어본 적이 있을 것입니다. 최신 이론이고, 찬반양론이 있으며, 왠지 모르게 어려울 것 같습니다. 하지만 초끈이론의 탄생에는 많은 드라마가 숨겨져 있습니다. 우주의 수수께끼를 풀기 위한 중요한 이론이기도 합니다.

우주를 알려면 미시 세계를 알아야 한다

커다란 우주를 알려면 은하단이나 은하를 관찰합니다. 은하를 알려면 블랙홀과 항성, 항성계를 연구합니다. 그리고 항성을 이해하려면 물질을 알아야 하고, 물질의 구성을 알기 위해 원자를 공부합니다.

이처럼 거대한 우주를 알기 위해 인류가 연구하는 영역은 우주의 미시적인 세계를 향해 가는 것입니다. 바꿔 말하면 세상의 최소 단위를 알아야 우주 전체를 이해할 수 있다는 것입니다. 왜냐하면 세상의 최소 단위가 모여 우주를 구성하고 있기 때문입니다.

지금으로부터 200년 이상 전에 우주의 최소 단위는 원자라는 사실이 밝혀졌습니다. 원자를 구성하는 것은 중성자와 양성자, 전자입니다. 그리고 이들의 구성비에 따라 94개의 천연 원소(인공적인 핵반응으로 새로 생성된 원소가 아닌 것_옮긴이)가 존재합니다. 그런데 과학자들은 과연 우주에서 원자가 정말 최소 단위인지 의문을 품었고, 원자의 내부를 알아내 보고자 했습니다.

물체의 내부를 알아보는 방법은 간단합니다. 파괴하면 내부가 나옵니다. 원자의 내부를 알아보는 방법도 마찬가지입니다. 원자끼리 충돌시켜 원자를 파괴했을 때 나오는 입자를 관찰하는 것입니다. 이때 가속기를 사용합니다. 가속기 안에 양성자나 전자를 넣고 광속에 가까운 속도까지 가속해 서로 충돌시켜 안에서 나온 입자를 관측합니다. 현재 가속기의 출력은 점점 높아지고 있으며, 파괴를 통해 나오는 입자는 더욱 작고 복잡해지고 있습니다.

가속기의 등장으로 더 작은 것을 발견하는 시도는 쉽게 달성할 것 같은데, 꼭 그렇지도 않습니다. 문제는 이렇게 나온 입자를 관찰하는 방법입니다.

눈에 보이지 않는 세계를 어떻게 볼 것인가

우리가 눈으로 물체를 볼 때는 전자기파를 사용합니다. 전자기파란 전기장과 자기장이 서로 작용하면서 공간을 전파하는 파동을 말합니다. 여러분은 지금 책을 손에 들고 전자기파 중 서적에서 나오는 가시광선(인간이 육안으로 감지할 수 있는 광선)을 눈으로 인식해 '우주에 관한 책을 읽고' 있습니다. 다시 말해, 책을 관찰하고 있는 것입니다.

큰 물체는 눈으로 보는 것만으로 관찰이 가능하지만, 작은 것을 관찰하려면 특수한 방법을 사용해야 합니다. 예를 들면 현미경을 사용해 관찰하는 것을 말합니다. 현미경으로 세포 구조를 더 자세히 들여다보면 육안으로는 보이지 않는 아름다운 세계가 펼쳐집니다.

현미경을 사용해도 '관찰한다'라는 행위의 원칙은 변함이 없습니다. 관찰 대상과 전자기파를 상호작용시키는 것입니다. 예를 들어 현미경을 사용해 식물 세포를 관찰하는 것은 가시광선이 식물에 부딪혀 반사되어 눈으로 들어옴으로써 성립됩니다. 즉, 가시광선이 물체에 닿아야 관찰할 수 있는 것입니다. 그런데 가시광선을 통한 관찰은 파장이 작은 물체를 관찰할 때 문제가 발생합니다.

전자기파의 종류

전파		방송·통신용 (AM, FM 등)	(1m)
		마이크로파	(1mm)
빛 (광의)	**적외선 (IR)**	원적외선	(4μm)
		중적외선	(2.5μm)
		근적외선	(830nm)
	빛 (협의)	가시광선(VIS)	(360nm)
	자외선 (UV) 근자외선	UV-A	(315nm)
		UV-B	(280nm)
	원자외선	UV-C	(100nm)
			(10nm)
방사선		X선	(1pm)
		감마선	

가시광선의 파장은 500nm(나노미터) 정도입니다. 관찰 대상이 가시광선의 파장보다 작으면 가시광선이 통과해 버려서 물체에 닿을 수 없습니다. 즉, 관찰할 수 없습니다. 이 문제를 해결하려면 가시광선보다 파장이 짧은 전자기파를 사용해야 합니다. 그것이 바로 X선과 감마선입니다.

가시광선은 전자기파의 일부입니다. 감마선, X선, 자외선 등 이름은 다양하지만, 모두 같은 전자기파입니다. 파동 간격의 길이로 구분해서 이름을 나누었을 뿐입니다. X선과 감마선은 가시광선보다 파장이 짧은데, 그 파장은 10pm(피코 미터)로 극히 짧습니다. 수소 원자의 크기가 100pm, 즉 0.1nm이니, 감마선은 수소 원자보다 압도적으로 파장이 작습니다. 가시광선은 수소 원자를 그대로 통과해 버리지만, 감마선이라면 수소 원자에 닿을 수 있습니다. 즉, 파장이 짧은 전자기파는 더 작은 것과 상호작용해 관찰이 가능합니다.

인간 생활과 밀접한 전자기파

전자기파가 물질과 상호작용하는 현상은 우리 생활과 밀접한 관계가 있습니다. 우주를 관측하는 것부터 태양의 따스함과 난로의 열기까지 생각보다 가까이에서 느낄 수 있습니다.

우주를 관측할 때는 X선 망원경을 지상에 설치하지 않고 우주에 발사합니다. 왜냐하면 우주에서 오는 X선은 공기에 닿으면 확산되고 감쇠하기 때문입니다. 파장이 짧은 X선이 대기와 상호작용해, 지상까지 도달하지 못하는 것입니다. 지상에서 우주의 X선 이미지는 보이지 않으므로 X선 망원경을 우주에 발사해서 관측합니다.

태양의 적외선은 파장이 길어서 공기에 닿아 상호작용할 가능성이 낮고, 우리에게 직접 도달해 따뜻하게 해줍니다. 원적외선(파장이 가장 긴 적외선) 난로는 방에 불필요한 열을 전달하지 않고 우리 몸에 작용하기 때문에 전력 소비가 적으면서도 따뜻하게 해줍니다. 파장이 더 긴 초장파는 분자가 밀집해 있는 바다에서도 상호작용하지 않아서 잠수함 통신에 사용됩니다.

이처럼 전자기파를 잘 도달하게 하려면 상호작용이 잘 되지 않도록 파장을 길게 하고, 반대로 작은 것에 닿게 하고 싶다면 상호작용이 잘 되도록 파장이 짧은 감마선 등을 사용하는 것입니다. 원자나 전자와 같은 작은 것을 관찰하려면 원자나 전자에 닿을 수 있도록 파장이 짧은 전자기파를 사용해야 합니다.

전자 수준의 관찰은 어떻게 할까

그런데 여기서 문제가 발생합니다. 전자기파의 파장을 짧게 하는 것은 전자기파의 에너지를 증폭하는 것과 마찬가지입니다. 관찰 대상에 고에너지의 전자기파를 사용해 닿게 하면 관찰 대상은 파괴되거나 변화해서 관찰할 수 없습니다. 이것이 양자역학에서 유명한 '불확정성 원리'입니다. 불확정성 원리를 쉽게 설명하자면, 중학교에서는 핵자核子 주위를 전자가 빙글빙글 돌고 있던 원자의 그림, 고등학교에서는 전자가 구름처럼 그려져 있던 바로 그 그림입니다.

　원자를 구성하는 전자의 크기는 놀라울 만큼 작아서 전자기파로 관찰할 수 없습니다. 관찰하려고 전자에 닿게 해도 전자가 변화해서 구조는커녕 크기조차 알지 못합니다. 전자에 관해 알 수 있는 것은 전자가 분명히 존재하고 있다는 사실뿐입니다.

　작은 입자를 표현하는 양자역학의 세계에서 전자는 소립자의 일종으로 분류됩니다. 전자와 마찬가지로 다른 소립자도 크기와 구조는 관찰할 수 없습니다. 그래서 이론적으로 나타내기 위해 전자로 대표되는 소립자는 크기가 0인 점으로 다루기로 약속했습니다(소립자의 표준모형). 이렇게 함으로써 소립자의 상호작용을 계산할 수 있게 되었고, 소립자의 위치를 확률로 표현하는 양자역학이 탄생한 것입니다.

이론과 기술이 충돌하는 양자역학의 사고 실험

이론 탄생과 과학 기술 발전의 역사는 마치 접전하는 경주와 같습니다. 불을 피우는 방법을 알게 된 인간이 불의 원리를 밝혀내기까지는 기술이 앞서 있었고, 관측 결과에 따라 이론을 세웠습니다. 그 후 이론 연구가 활발하게 이루어지면서 과학 기술보다 이론이 앞서게 되었습니다. 실제로 아인슈타인이 일반상대성이론을 내세웠을 무렵, 당시 기술로는 이를 검증할 기술이 없었습니다. 일반상대성이론이 발표되고 약 100년에 걸쳐 과학 기술이 발달하면서 일반상대성이론이 옳다는 것이 증명되었습니다. 그리고 현재는 이론과 과학 기술의 경주는 이론이 우세합니다.

양자역학은 현재까지도 이론 증명을 위해 다양한 최첨단 과학 기술이 투입되고 있습니다. 원자보다 크기가 작은 소립자를 검증할 방법은 없습니다. 게다가 양자역학의 가장 기본 방정식인 '슈뢰딩거 방정식'에 따르면 소립자의 존재는 확률로만 나타낼 수 있다는 불확실한 이론이기 때문에 많은 양자 반대론자들이 사고 실험을 통해 의문을 제기했습니다. 바로 '슈뢰딩거의 고양이'입니다.

상자 안에 다음의 세 가지를 넣습니다.

① 고양이

② 1분 후 50%의 확률로 원자 붕괴하는 방사성 원자
(이것은 양자역학의 슈뢰딩거 기초 방정식을 시사합니다)

③ 붕괴한 원자에 반응하는 독가스 발생 장치

이 세 가지를 상자에 넣은 다음 상자 뚜껑을 닫고 1분 후에 뚜껑을 열었을 때, 과연 고양이는 살아 있을까요? 보통 생각해 보면 상자 뚜껑을 열든, 열지 않든, 실험 시작 1분 후에 고양이의 운명은 결정되어 있을 터입니다. 하지만 양자역학은 이를 부정합니다. 양자역학에 따른 확률 해석으로는 뚜껑을 열어 관찰하기 전까지 생사는 알 수 없고, 뚜껑을 열어야 비로소 생사가 결정된다는 것입니다. 이 현상은 아무리 생각해도 의아합니다. 누가 봐도 뚜껑을 열든, 열지 않든, 1분이 지나면 고양이의 운명은 결정되어 있어야 합니다. 양자 반대론자들은 이 역설을 사용해 양자 찬성론자를 비판했습니다.

양자역학자는 우주라는 거대한 존재를 해석하기 위해 미

시 세계를 나타내는 양자역학을 제창했습니다. 하지만 양자역학이 지닌 특수성은 이 역설이 보여주듯이 고양이의 운명조차 설명하지 못합니다. 관찰하기 전까지 고양이의 운명도 알 수 없는 양자역학으로 어떻게 보이지 않는 우주의 끝을 검증할 수 있는지 반론이 제기된 것입니다. 그렇다면 실제로 양자역학은 옳은 것일까요?

사실 양자역학은 현재의 기술을 사용하더라도 그것이 100% 옳다고 증명할 수 없습니다. 하지만 소립자인 전자를 양자역학으로 검증했더니 그 오차는 '무한대'로 0%라는 결과가 나왔습니다. 이 결과로부터 '소립자의 크기가 0은 아니지만, 크기를 0으로 봐도 문제없다'라는 결론이 나옵니다.

양자역학이 옳은지 그른지는 차치하더라도, 양자역학을 사용해 개발된 양자 컴퓨터와 레이저, 군사 레이더 등 각종 최첨단 기술로 인류의 삶이 발전한 것은 분명합니다.

중력에 양자역학을 적용할 수 있을까

우리 주변의 기술 발전뿐만 아니라 우주를 밝혀내는 데 크게 이바지한 양자역학. 하지만 문제도 남아 있습니다. 바로 중력과 양자역학의 관계입니다.

아인슈타인의 일반상대성이론은 우주라는 거대한 존재를 설명하는 것입니다. 중력이 기하학의 무대임을 설명했고, 이미 그것이 옳다는 것이 증명되었습니다. 이 이론에 따라 중력을 표현하려면 반드시 절대적인 길이를 사용해야 합니다. 그런데 우주를 미시적으로 설명하는 양자역학은 이를 확률로 표현합니다. 중력은 상대성이론이 나타내는 무대이고 소립자는 양자역학이 나타내는 배우와 같은 것인데, 그 연극을 통일하지 못해 양자역학에 중력을 적용할 수 없는 것입니다. 그래서 양자역학에 중력을 적용하기 위한 소립자, 즉 중력자가 고안되었습니다.

중력을 굳이 소립자로 표현한다면 스핀(입자의 회전) 2, 질량 0, 전하 0, 수명 무한대로 가정할 수 있습니다. 하지만 이는 어디까지나 가설에 불과한 소립자입니다. 중력자는 검출하는 것이 불가능할 뿐만 아니라 양자역학에 적용하려고 하면 수학적으로 앞뒤가 맞지 않습니다. 기술 혁명을 일으킨 양자역학 앞에 커다란 장벽이 나타난 것입니다.

끈이론의 등장

이 상황을 긍정적으로 표현해 보면, 만약 중력을 양자 물리학의 표준모형에 적용할 수 있다면 만물 이론이 완성된다는 것입니다. 이에 전 세계의 수학과 물리학 천재들이 중력을 수학적으로 양자역학에 적용하는 방법을 연구합니다. 그 기법은 화려함 그 자체였습니다.

중력을 양자역학에 적용하기 위해 소립자를 점으로 설명하면 부족분이 발생합니다. 그래서 물질의 최소 단위를 점(0차원)이 아닌 점보다 복잡한 끈(1차원)으로 나타내, 수학적 이론을 구축합니다. 이를 '끈이론'이라고 합니다. 우주의 최소 단위를 양자역학에서는 점으로 나타내는데, 끈이론에서는 최소 단위를 끈의 진동으로 설명한 것입니다. 끈이론으로 다양한 종류의 소립자를 설명하는 것은 악기의 현絃이 다양한 음색을 연주하는 것에 비유할 수 있다는 데서 '현이론'으로도 불립니다. 이 이론에서 가장 획기적인 것은 중력을 도입해도 수학적으로는 무너지지 않는다는 점입니다.

일반상대성이론과 양자역학의 등장으로 우주의 대부분이 밝혀진 한편, 블랙홀이나 빅뱅과 같은 극한의 상황은 계산이 불가능합니다. 그 근본적인 원인은 최소 단위를 점으로 파악한 양자역학 자체입니다. 예를 들어 블랙홀의 중심을 상대성 이론으로 계산하면 중력은 무한대가 되므로 물리학은 무너집니다. 크기가 없는 점을 수학으로 표현하면 0인데, 블랙홀의 중심은 값을 0으로 나누는 것과 같기 때문입니다. 반면에 끈이론으로 블랙홀을 설명하면 블랙홀의 중심은 양 끝이 이어진 고무줄 같이 되므로 계산이 가능합니다.

검증이 불가능한 끈이론

끈이론의 탄생은 우주의 모든 것을 계산할 수 있는 이론으로 전 세계의 각광을 받습니다. 하지만 다시 문제가 부상합니다. 앞에서 설명했듯이 끈이론으로 우주를 계산하기 위해 필요한 조건은 우주가 10차원이어야 한다는 점입니다. 그런데 우리 우주는 세 개의 공간 차원(가로·세로·높이)에 시간을 더한 4차원으로 구성되어 있으니, 끈이론은 현존하지 않는 가공의 우주밖에 설명하지 못합니다. 이에 전 세계의 천재들이 모여 여분의 6차원을 제거하는 데 전력을 기울였습니다. 결과는 한 명도 성공하지 못했습니다. 게다가 끈이론을 실험으로 검증할 수 있는지를 예측하는 것도 검증이 불가능하다는 결론이 내려졌습니다. 한편, 여분의 차원은 제거할 필요가 없으며 압축되어 있을 뿐이라고 주장하는 물리학자들도 있습니다. 하지만 현재로서는 끈이론이 옳은지 그른지 밝혀지지 않았습니다. 영원히 알 수 없을 것이라는 말도 있습니다.

전 세계의 수학자와 물리학자들은 증명할 수 없는 끈이론을 아직도 적극적으로 연구하고 있습니다. 왜냐하면 수학과 이론적 옳음은 별개의 문제이며, 끈이론의 공식은 향후 과학 발전에 크게 이바지할 가능성이 있기 때문입니다. 물리학은 수학에 의존하고 있으므로 '1+1=2'라는 계산 결과를 어떻게 느끼든지 계산 결과는 옳다고 보는 것이 원칙입니다. 끈이론이 현재의 우주를 설명하지는 못해도, 끈이론은 수학적으로 무너지지 않고 올바른 해답을 도출할 수 있습니다. 이것이 수학자와 물리학자를 매료시키는 이유입니다.

인류의 목표는 우주의 모든 것을 이해하는 궁극의 이론, 만물 이론의 완성입니다. 끈이론이 만물 이론이 될 수 없다는 사실이 밝혀졌지만, 끈이론의 수학적 옳음이 새로운 이론의 씨앗이 된다는 사실도 알게 되었습니다. 끈이론에 초대칭성을 적용한 '초끈이론'이 연구된다는 것이 이를 증명합니다. 만물 이론을 손에 넣은 인류가 끈이론이라는 설계도를 가지고 유레카를 외치는 미래는 그리 멀지 않은 것 같습니다.

2장 _____

별
이
야
기

항성의 종류

우주에는 무수한 별이 존재하지만, 별의 종류는 매우 단순합니다. 그 이유는 별의 생애를 보면 알 수 있습니다. 우주에서 밝게 빛나는 항성은 탄생부터 소멸까지 거의 같은 생애를 거칩니다. 이는 지구의 항성, 즉 태양도 마찬가지입니다.

항성의 생애는 질량에 따라 결정된다

별의 탄생은 분자의 구름인 '암흑성운'에서 시작합니다. 우주는 거의 진공 상태인데, 장소에 따라서 분자의 밀도가 높은 부분이 존재합니다. 이 부분을 지구에서 관측하면 검은 구름

별의 생애

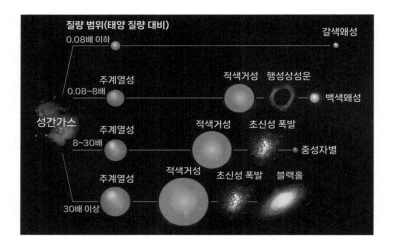

처럼 보여서 암흑성운이라고 합니다. 암흑성운이 초신성 폭발 등으로 자극을 받으면, 구름의 중력은 균형이 무너져 분자가 응축합니다. 분자의 응축은 중력을 만들어내고 이를 반복함으로써 응축이 가속되어 공 모양의 별로 진화합니다.

별의 생애는 탄생 과정에서 거의 결정됩니다. 즉, 탄생 초기의 별이 주위 물질을 다 모았을 때의 질량에 따라 생애가 결정되는 것입니다. 예를 들어 태양의 질량을 1이라고 했을 때, 태양 정도로 밝게 빛나는 항성이 되려면 태양 질량의 약 0.08배에 해당하는 질량이 필요합니다. 0.08배 이하인 질량의 별은 압력과 온도가 부족해 수소 핵융합이 불가능합니다.

그런데 별에 포함된 중수소가 핵융합하여 약간의 열량이 생기면, 별은 어둑하게 빛나다가 수억 년 후에 핵융합이 멈추고 식어서 점차 어두워집니다. 이 별을 '갈색왜성'이라고 합니다. 갈색왜성은 목성의 13배 정도 질량에 불과한데, 목성이 '태양이 되지 못한 별'로 불리는 것은 이 때문입니다. 참고로 갈색왜성이 다른 항성의 주위를 공전하는 경우, 그 대부분은 행성으로 분류됩니다.

별이 태양 질량의 0.08배보다 질량이 커지면 별의 중심인 핵의 압력이 올라가 핵융합이 시작됩니다. 핵융합에 의해 팽창하려는 힘과 중력에 의해 수축하려는 힘이 균형을 이루면서 태양처럼 밝게 빛나는 항성이 됩니다. 현재 알려진 가장 무거운 항성은 R136a1인데, 그 질량은 태양의 315배입니다. 규격을 벗어난 대질량 항성입니다.

태양처럼 빛나는 별은 가장 안정적이고 활발한 시기인데, 사람으로 비유하자면 20~30대의 원기 왕성한 나이입니다.

항성은 가벼울수록 수명이 길다

항성은 연소하면서 점차 연료가 떨어져 수명을 다합니다. 별의 생애는 질량에 따라 크게 다르고, 항성은 가벼울수록 수명이 깁니다. 현재 우주의 나이는 138억 년입니다. 터무니없이 오랜 시간처럼 느껴지지만, 태양 질량의 0.2배 정도로 가벼운 항성의 경우 수명이 6조~12조 년입니다. 우주 탄생 후 현재까지 시간의 100배를 해도 1조 3,800억 년입니다. 따라서 작은 항성의 수명은 현재 우주 나이보다 440~870배의 수명이 남아 있다는 뜻입니다. 인류는 아직 작은 항성의 수명이 다하는 모습을 본 적이 없습니다.

가벼운 항성은 수소가 헬륨으로 변하는 핵융합을 하는데, 생성된 헬륨이 핵융합하는 압력과 온도에 도달하지 않기 때문에 수소의 핵융합이 끝나면 수명을 다합니다. 지금으로부터 6조 년 이후에 작은 항성은 백색왜성이 되어 생애를 마칩니다. 태양 질량의 0.5배가 넘는 항성은 전혀 다른 생애를 거칩니다. 태양을 포함해 태양의 0.5~10배 크기의 항성은 수소의 핵융합으로 헬륨이 생성되면서 별의 중심에 헬륨이 모여 있습니다. 중심에서 핵융합하던 수소는 외층으로 밀려나 중심이 아닌 외층에서 핵융합을 시작합니다. 그 결과 항성이 팽창하고 거대해집니다. 실제로 일설에 따르면 태양은 지금으로부터 40~50억 년 후에는 거대화가 시작되고, 수성과 금성을 집어삼키면서 지구 부근까지 팽창한다고 합니다. 그렇게 되면 수성과 금성은 고온으로 인해 행성 자체가 증발하고, 지구는 바닷물이 말라붙고 새빨갛게 타버립니다.

별이 거대해지는 한편, 핵의 헬륨은 수축하기 시작하고 이윽고 헬륨이 핵융합하는 온도에 도달합니다. 이후 헬륨의 핵융합이 시작되고 산소와 탄소가 생성됩니다. 이 크기의 항성은 탄소를 더 이상 핵융합하기에는 압력이 부족하기 때문에 탄소가 중심부에 모이고 대류로 인해 탄소가 교반攪拌(물리적 또는 화학적 성질이 다른 물질이 서로 뒤섞이는 것_옮긴이)됩니다. 그 결과 핵융합이 불안정해지면서 팽창과 수축을 반복하고 서서히 가스를 방출합니다. 최종적으로 백색왜성으로 변화해 서서히 식으면서 어두워집니다.

태양보다 무거운 항성의 생애

별의 수명은 질량이 작을수록 깁니다. 앞서 소개했던 작은 항성의 수명은 6조~12조 년이고, 태양의 수명은 120억 년 전후입니다. 그리고 태양 질량의 10배 이상인 무거운 항성이 되면 그 생애는 극적으로 막을 내립니다. 태양 질량의 10~29배인 항성은 헬륨의 핵융합으로 탄소와 산소가 생성됩니다.

태양의 구조

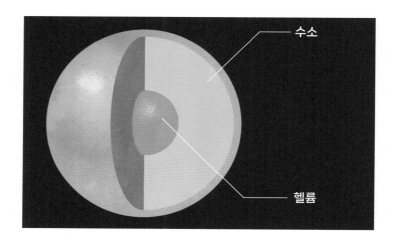

수소

헬륨

초신성 폭발 직전 항성의 구조

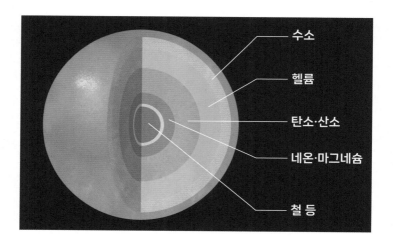

수소

헬륨

탄소·산소

네온·마그네슘

철 등

이후로도 핵융합이 이어져 네온과 마그네슘, 규소 등이 생성됩니다. 그리고 최종적으로 원자 결합이 가장 안정적인 철이 만들어집니다. 철은 가장 안정적인 상태라서 더 이상 핵융합은 이루어지지 않습니다. 따라서 중심부의 핵융합 반응이 멈춥니다. 별은 수축하려는 힘과 핵융합 반응으로 확대하려는 힘이 균형을 이루고 있었는데, 그 균형이 깨지는 것입니다. 그렇게 되면 중심을 향해 별이 단번에 수축합니다. 그리고 중심부의 압력이 상승하면 철이 중성자로 변합니다. 중성자는 더 이상 수축하지 않는 축퇴압縮退壓을 갖고 있으므로 중심부의 수축이 순식간에 멈추고, 반동으로 표면 물질이 단번에 날아가 별의 핵만 남습니다(초신성 폭발). 이렇게 해서 중성자로 이루어진 고밀도의 천체, 중성자별이 탄생합니다.

중성자별의 밀도는 압도적인데, 1작은술의 무게가 피라미드 900개에 해당합니다. 지구를 미국의 항공모함 정도 크기로 응축한 것과 같은 밀도입니다.

항성의 핵 '중성자별'

중성자별을 이해하기 위해 물질을 살펴보겠습니다. 학교에서 화학 시간에 배우는 주기율표를 보면 수소부터 시작해 헬륨, 리튬, 베릴륨으로 이어집니다. 이 원자들을 구성하는 재료를 간단히 표현하면 전자와 양성자, 중성자, 세 가지입니다. 전혀 다른 성질의 원자들은 단 세 가지 재료의 조합으로 만들어집니다.

앞서 소개했던 핵융합 반응으로 수소가 탄소로, 그리고 최종적으로 철이 만들어지는데, 철은 원자 중에서 가장 안정적이기 때문에 더 이상 핵융합은 일어나지 않습니다. 하지만 별의 수축으로 인해 중심 온도가 100억℃를 넘으면 철이 광분해光分解를 일으켜 중성자가 만들어집니다.

중성자별의 무게는 태양과 거의 같지만 지름은 20km 정도입니다. 도쿄역에서 사이타마 신도심 사이에 해당하는 크기 (서울역에서 일산 신도시 사이에 해당하는 크기_옮긴이)입니다. 스케이트 선수가 다리를 오므리면 회전이 빨라지듯이, 큰 별이 수축한 중성자별은 놀라운 속도로 회전합니다. 그 속도는 빠른 것의 경우 1초 동안 500바퀴 이상 회전하며, 표면 속도는 초속 1만km입니다. 빛의 속도의 30분의 1이나 됩니다. 이러한 중성자별의 고속 회전은 중성자별 발견의 열쇠입니다.

중성자별은 핵융합 반응이 일어나지 않아서 새카맣지만, 자기장을 발생시킵니다. 자기장의 축이 회전축과 어긋나는 경우 자기장축 자체가 회전합니다. 이 상태의 중성자별을 펄서라고 합니다. 자기장축의 회전으로 인해 X선 등의 전자기파가 발생하고, 이를 X선 망원경으로 관측함으로써 중성자별을 발견할 수 있습니다. 한편 중성자별은 중력에 의해 수축하려는 힘과 중성자가 가진 축퇴압이 균형을 이룸으로써 형태를 유지하고 있습니다.

물질을 구성하는 최소 단위가 양성자와 전자, 중성자라고 여겼던 시대의 가장 궁극적인 천체가 중성자별이었습니다. 하지만 소립자의 발견으로 물질을 구성하는 최소 단위가 작아져, 쿼크별과 기묘한 별 등 새로운 천체에 관한 연구가 진행되고 있습니다. 또 중성자의 축퇴압을 중력이 웃도는 경우에 만들어지는 천체인 블랙홀도 신비로운 천체입니다.

우주가 92억 살일 때 태양과 지구가 생겨났습니다. 98억 살일 때는 지구에 생명이 탄생했고, 138억 살인 현재, 생명은 지구 자원의 80%를 사용할 수 있는 기술을 손에 넣었습니다. 태양은 앞으로 70억 년 정도면 수명을 다합니다. 한편 태양보다 작은 항성의 수명은 지금 우주 나이의 500배 이상입니다. 태양을 잃기 전에 생명은 틀림없이 새로운 거처를 발견하게 될 것입니다.

중성자별의 탄생

중성자별은 우리 우주에서 가장 극단적이면서 혹독한 환경을 지닌 천체 중 하나입니다. 앞에서 소개한 대로 크기는 지름 20km에 불과한 소행성 정도의 크기인데도 무게는 태양과 거의 비슷합니다.

작고 매우 무거우며 강력한 중력으로 빛조차 휘게 만드는 경이로운 천체, 중성자별을 자세히 소개하겠습니다.

대질량 항성의 생애

우주에는 무수히 많은 중성자별이 존재합니다. 중성자별의 형성은 일반적인 대질량 항성에서부터 시작됩니다.

거대 항성은 대부분 수소로 되어 있습니다. 수소는 가장 가벼운 원소이며, 항성 표면의 압력은 놀라울 만큼 작습니다. 하지만 별의 중심부에 가까워질수록 수소의 무게 때문에 압력은 점점 높아지고 온도도 상승합니다. 온도가 높아지면 점차 수소의 분자 결합이 붕괴해 수소 원자가 됩니다. 온도가 더욱 높아지면 양성자 주위를 돌던 전자가 양성자로부터 해방되어, 전자가 자유롭게 돌아다니는 상태가 됩니다. 이것이 바로 플라스마입니다.

항성의 대부분은 양성자와 전자가 제각각 움직이는 수소의 플라스마 상태입니다. 항성의 중심인 핵에 가까워지면 압력이 더욱 높아지고 온도가 상승하여, 원래 서로 반발했을 양전하를 지닌 양성자들이 가까워지기 시작합니다. 온도가 더욱 높아지면 양성자끼리 반발하는 힘을 떨쳐내고 충돌해 융합합니다. 이를 핵융합이라고 합니다.

수소가 융합하면 막대한 에너지를 방출하면서 헬륨을 생성합니다. 별은 자신의 중력으로 스스로 쪼그라드는데, 중심에서 일어나는 핵융합이 쪼그라들려는 힘을 밀어냅니다. 이 절묘한 균형으로 항성은 태양처럼 둥글게, 오랜 시간 밝게 빛나는 것입니다.

하지만 이 균형은 영원하지 않습니다. 수소의 핵융합이 오래 지속되면 연료인 수소가 점차 줄어들고, 수소보다 무거운 헬륨이 항성의 중심에 모이게 됩니다. 태양 정도 크기의 별은 이 상태가 되면 중심부가 헬륨으로 가득 차고 수소는 밀려나서, 중심이 아닌 중심보다 조금 바깥쪽의 수소가 핵융합

대질량 항성의 생애(중성자별을 만드는 경우)

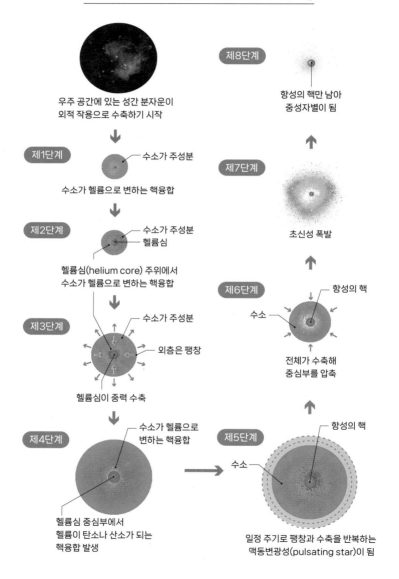

우주 공간에 있는 성간 분자운이
외적 작용으로 수축하기 시작

제1단계

수소가 주성분

수소가 헬륨으로 변하는 핵융합

제2단계

수소가 주성분
헬륨심

헬륨심(helium core) 주위에서
수소가 헬륨으로 변하는 핵융합

제3단계

수소가 주성분
외층은 팽창

헬륨심이 중력 수축

제4단계

수소가 헬륨으로
변하는 핵융합

헬륨심 중심부에서
헬륨이 탄소나 산소가 되는
핵융합 발생

제5단계

수소
항성의 핵

일정 주기로 팽창과 수축을 반복하는
맥동변광성(pulsating star)이 됨

제6단계

항성의 핵
수소

전체가 수축해
중심부를 압축

제7단계

초신성 폭발

제8단계

항성의 핵만 남아
중성자별이 됨

84

을 시작합니다. 그렇게 되면 균형이 깨지고 별은 점차 거대해집니다. 거대화로 수소의 핵융합이 멈추기 시작하면 별이 중력에 의해 쪼그라들기 시작합니다. 중심부의 압력이 점점 높아지고 이번에는 헬륨이 핵융합할 수 있는 온도에 도달하면서 핵융합을 시작합니다. 헬륨의 핵융합으로 탄소와 산소가 생성되고 별은 다시 거대해집니다.

태양 정도의 중규모 항성은 팽창과 수축을 반복하다가 점차 가스를 방출하면서 수축되고 백색왜성이 되어 죽음을 맞이합니다.

초신성 폭발로 탄생하는 중성자별

한편 태양보다 몇 배나 더 큰 거대 항성은 전혀 다른 생애를 거칩니다. 거대 항성은 중력이 보다 강해져서 핵융합의 반발 에너지를 이겨냅니다. 이후 별의 중심은 더욱 압축되고 핵융합이 활발해져 별은 수백 배까지 팽창합니다. 이 단계에서 핵융합이 단번에 진행됩니다.

탄소끼리 핵융합이 시작되고, 수백 년 후에 네온이 생성됩니다. 네온은 1년 정도면 산소가 되고, 산소는 몇 개월이면

규소가 됩니다. 그리고 규소는 단 하루 정도면 철로 핵융합을 합니다. 생성된 철은 핵융합 에너지를 방출하지 않아, 더 이상 핵융합은 진행되지 않습니다. 단 하루만에 규소가 철로 핵융합하는 동시에 철이 생성된 순간 핵융합이 멈춥니다.

핵융합이 갑작스럽게 멈추면서 지금까지 중심에서 바깥쪽으로 밀어내던 에너지가 갑자기 없어집니다. 그렇게 되면 중심 주변에 있는 물질이 별의 중심으로 떨어지고, 중심의 압력은 순식간에 상승합니다. 중심부에 모여 있던 철은 강력한 중력에 점점 눌려 압축됩니다. 이 압력은 매우 강력합니다. 이때부터 별의 중심에 극적인 변화가 일어납니다.

일반적으로 전자와 양성자는 반발하는 힘을 갖기 때문에 들러붙는 일은 없습니다. 하지만 별이 쪼그라들 때의 압력이 매우 강력해 전자와 양성자가 들러붙고 중성자가 생성됩니다. 그렇게 되면 전자와 원자핵으로 구성되었던 원자의 크기가 순수한 원자핵 크기까지 눌려 압축됩니다. 이것이 어느 정도인가 하면, 지름 100m의 거대하고 무거운 철공을 볼링공 크기로 압축하는 것과 맞먹는 정도입니다.

눌려 압축되는 것은 중심뿐만이 아닙니다. 중심으로부터 반발하는 힘을 잃어버린 항성은 단번에 수축합니다. 그 속도는 빛의 속도의 4분의 1이나 됩니다. 항성은 단번에 수축하는 반면 중심의 중성자는 그 이상 수축하지 않기 때문에 안쪽으로 떨어져 있던 물질은 중심에서 튕겨 나와 초강력 충격파로 별의 대부분을 날려 버립니다. 이것이 초신성 폭발의 한 가지 패턴입니다. 폭발 후에는 별의 중심인 핵만 남는데, 이것이 바로 중성자별입니다.

중성자별의 특징

중성자별의 첫 번째 특징은 온도입니다. 중성자별의 온도는 무려 100만℃입니다. 지구를 따뜻하게 해주는 태양도 온도는 6,000℃입니다. 중성자별의 온도는 그야말로 초고온입니다. 두 번째 특징은 밀도입니다. 중성자별의 밀도는 매우 높은데, 지구 열 개를 배구공 크기로 압축한 것과 같습니다. 밀도는 각설탕 한 개 만큼의 부피가 무게 10억 톤으로, 지구에서는 상상도 하지 못할 만큼 극한의 천체입니다. 빛조차 꺾일 정도로 중력이 강력합니다. 그래서 중성자별의 뒤쪽에 있는 것을 정면에서 볼 수 있습니다.

중성자별의 구조

중성자별의 표면은 일반 항성과 마찬가지로 분자의 대기로 싸여 있는데, 두께는 1m 정도입니다. 대기 아래에는 행성과 마찬가지로 지각이 존재합니다. 지각의 표면은 초신성 무렵의 흔적인 철로 되어 있고 결정격자(결정을 이루고 있는 원소들이 공간상에 규칙적으로 격자 모양을 이루고 있는 배치_옮긴이)에 갇혀 있으며 그 사이를 전자가 돌아다닙니다.

중성자별의 중심에 가까워질수록 양성자가 전자와 결합한 중성자가 증가하고, 반대로 양성자는 감소합니다. 중심에 더욱 가까워지면 중성자와 양성자는 맞닿아 달라붙습니다. 이 부근까지 깊게 들어가면 고작 원자 한 개의 깊이 차이만으로도 압력이 달라지므로 중성자와 양성자는 파스타처럼 막대 모양 혹은 판 모양으로 달라붙습니다. 이 상태를 일부 물리학자들은 핵파스타라고도 합니다. 핵파스타는 양성자나 중성자끼리 맞닿아 직접 달라붙어, 우주에서 가장 단단한 물질입니다. 이 물질을 파괴하는 것은 불가능하다고도 합니다.

중성자별 안으로 조금 더 들어가면 핵파스타가 산처럼 연결되어 있는 곳에 도달합니다. 산이라고 했는데, 높이는 5mm 정도입니다. 불과 5mm인 핵파스타 산인데, 무게는 에베레스트산 몇 개와 비슷합니다. 핵파스타 산을 넘어 더욱 깊게 들어가면 중성자별의 핵에 도착합니다. 중성자별의 핵이 어떻게 되어 있는지 궁금하지만, 안타깝게도 현재의 물리학으로는 밝혀지지 않았습니다. 일설에 따르면 중성자를 구성하는 쿼크와 글루온이 제각기 돌아다니는 소립자의 플라스마 상태라고도 합니다.

깊게 들어갔던 중성자별에서 다시 중성자별의 바깥으로 나와 보겠습니다. 중성자별은 원래 커다랗던 별이 확 쪼그라들어 만들어지기 때문에 각운동량 보존 법칙에 따라 스케

중성자별의 구조

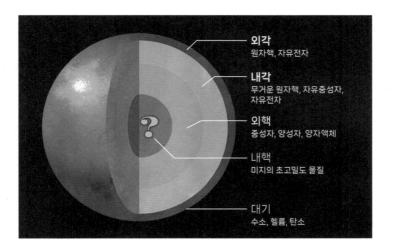

외각
원자핵, 자유전자

내각
무거운 원자핵, 자유중성자,
자유전자

외핵
중성자, 양성자, 양자액체

내핵
미지의 초고밀도 물질

대기
수소, 헬륨, 탄소

이트 선수가 다리를 오므렸을 때처럼 초고속으로 회전합니다. 지름이 수십 킬로미터라는 거대한 천체인데도 회전 속도는 매초 수 회전~수백 회전이나 됩니다. 이 회전은 펄스(급격한 신호 변화) 형태가 된 전자기파인 전자기 펄스를 발생시키는데, 이 전자기 펄스는 중성자별을 발견하게 된 계기가 되기도 했습니다.

중성자별 폭발로 만들어지는 원소

자기장축과 회전축이 어긋나지 않은 중성자별도 있는데, 어쨌든 중성자별이 탄생하고 나서 얼마간 중성자별은 지구의 1,000조 배나 되는 자기장을 발생시킵니다. 그 자기장은 매우 강력한데, 예를 들면 도쿄에서 규슈 정도(약 1,000km, 서울에서 베이징 정도_옮긴이)의 거리만큼 떨어져 있는 사람에게도 영향을 미칩니다. 체내에 포함된 물과 영양소가 자기력과 반응해 생명을 유지하는 시스템의 균형을 그 자리에서 붕괴시키고 목숨을 빼앗습니다. 자기장을 발생시키는 중성자별은 우주에서 가장 강력한 자기장을 만들어냅니다. 참고로 '마그네타'라는 별명으로도 불립니다.

중성자별의 중력은 매우 강력해, 중성자별끼리 서로의 중력으로 회전하면서 쌍성(두 개의 별이 짝을 이루어 공통의 무게 중심을 일정한 주기로 공전하는 것_옮긴이)을 만드는 경우가 있습니다. 중성자별은 점차 가까워지다가 강력한 중력으로 중력파를 발생시키면서 결국에는 충돌하고 내부 물질의 일부를 우주에 흩뿌립니다. 이 충돌의 폭발력은 굉장해서 '킬로노바'로 불립니다. 참고로 백색왜성이 다른 항성의 연료를 빼앗아 백색왜성의 표면에서 핵융합시켜 폭발하는 현상이 바로 '노바(신성)'입니다. 중성자별이 탄생하는 과정에서 소개했던 초신성 폭발은 '슈퍼노바'라고 합니다. 중성자별이 충돌하는 킬로노바는 너무나 극단적인 현상으로, 철보다 무거운 원소인 금, 은, 백금 등이 생성됩니다. 철보다 무거운 원소의 생성은 별 안에서 천천히 진행되는 핵융합이 아닙니다. 자유롭게 돌아다니던 중성자나 양성자가 한순간에 조립되면서 다양한 원소를 만들어내는 것입니다.

지구나 우주에 존재하는 철보다 무거운 원소의 대부분은 중성자별끼리 충돌해 만들어졌다는 사실이 밝혀졌습니다. 중성자별은 서로 충돌해 무거운 원소를 만들어낸 후 블랙홀이 되어 죽음을 맞이합니다. 초고온, 고밀도, 고자기성. 중성자별은 현대물리학이 설명하는 천체 중에서도 극한의 천체입니다. 우주에는 그러한 천체가 무수히 흩어져 있습니다.

　우주를 배울수록 우주는 수수께끼로 가득 차 있고 신비로
우면서 어딘가 먼 존재로 느껴집니다. 하지만 필수품이 되어
버린 스마트폰, 생수의 성분인 미네랄, 영원한 사랑을 맹세
하는 결혼 반지의 재료 등 모든 것은 중성자별이 죽음과 맞
바꾸어 만들어낸 원소입니다. 우리 주변에 있는 이러한 물질
들은 우주로부터 차폐된 지구라는 집에 사는 우리가 우주에
있는 것을 실감케 하는 중요한 요소인 것입니다.

중성자별의 내부는 어떻게 되어 있을까

원자를 우주의 최소 단위로 여겼던 무렵, 궁극의 천체는 중성자별입니다. 중성자별의 밀도는 각설탕 한 개 크기이고 무게는 10억 톤입니다. 이후 소립자가 발견되면서 우주의 천체는 더욱 기묘한 상태라는 사실이 밝혀졌습니다. 이 기묘한 천체 중에서 지구를 멸망시킬 가능성이 있는, 경이로운 기묘한 별을 자세히 소개하겠습니다.

닿기만 해도 모든 물질을 변화시키는 불가사의한 물질이 바로 '기묘물질'입니다. 우주에서 가장 위험한 물질로, 물질의 변화뿐만 아니라 행성을 붕괴시키는 힘을 갖고 있다고 합니다. 기묘물질로 이루어진 기묘한 별을 이해하는 데 필요한 몇 가지 정보부터 살펴보겠습니다.

쿼크란 무엇인가

태양보다 큰 거대 항성은 수명을 다하면 초신성 폭발을 일으키고 별의 핵인 중성자만 남습니다. 이것이 바로 중성자별입니다. 지름 20km 정도의 작은 구체인데, 무게는 태양과 거의 같습니다. 중성자별이 만들어내는 중력에서 빠져나오려면 빛의 3분의 1의 속도가 필요할 정도로, 중성자별은 극한의 천체입니다.

최근 소립자가 발견되면서 중성자의 내부가 밝혀졌습니다. 원자를 구성하고 있는 것은 양성자, 중성자, 전자입니다. 예를 들면 양성자 한 개의 주위를 전자 한 개가 도는 것이 수소 원자입니다. 양성자와 중성자, 전자의 배합 균형에 따라 94개의 천연 원소가 존재합니다. 이러한 양성자와 중성자는 더욱 작은 입자로 구성되어 있는데, 바로 쿼크입니다.

쿼크는 여섯 종류가 있습니다. 각각 위up, 아래down, 맵시 charm, 기묘strange, 꼭대기top, 바닥bottom이라고 합니다. 일반적으로 쿼크 독립 개체만으로는 묶어 두는 힘이 없어서 물질이 되지 않습니다. 이때 쿼크들을 묶어 주는 소립자가 바로 글루온입니다. 글루온은 네 가지 힘 가운데 강력을 전달해 입자의 형태를 유지합니다. 예를 들어 중성자는 아래 쿼크 두 개와 위 쿼크 한 개 등, 세 개의 쿼크가 글루온으로 묶여 있는 입자입니다. 양성자도 마찬가지로 아래 쿼크 한 개와 위 쿼크 두 개가 글루온으로 묶여 양성자라는 입자를 형성합니다.

원자를 잘게 쪼갰을 때

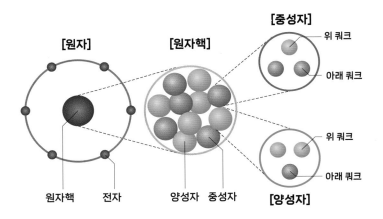

여섯 종류의 쿼크는 조합에 따라 중성자와 양성자 이외에 다양한 입자를 만드는 것이 가능합니다. 실제로 현재 확인된 입자만 해도 수십 종류가 있습니다. 하지만 양성자와 중성자 이외의 입자는 수명이 길어야 10^{-13}초입니다. 한순간에 붕괴하는 것이지요. 바꿔 말하면, 여섯 종류의 다양한 조합으로 만들어진 입자 중에 안정적인 것은 양성자와 중성자뿐입니다. 쿼크는 중성자와 양성자를 구성하고 있는 동안에만 안정적이며, 쿼크 독립 개체로는 존재할 수 없습니다.

쿼크별에 존재하는 기묘물질

한편 중성자별이라는 극한의 영역에서는 이 상식이 통용되지 않을지도 모릅니다. 초고압으로 눌려 압축된 중성자는 세 가지 쿼크를 묶어 두는 힘을 해방해 쿼크 단독으로 존재할 가능성이 있습니다. 이것이 바로 쿼크물질입니다. 중성자별의 내부는 사실 쿼크가 모인 거대한 쿼크물질로 구성되어 있습니다. 이것이 바로 중성자별보다 극한의 천체인 쿼크별입니다. 현재까지 쿼크별은 발견되지 않았지만, 만약 존재한다면 상당히 성가신 존재가 됩니다.

위, 아래, 맵시, 기묘, 꼭대기, 바닥, 총 여섯 종류의 쿼크 중에서 중성자를 구성하고 있는 것은 위 쿼크와 아래 쿼크입니다. 쿼크별도 위 쿼크와 아래 쿼크, 두 종류로 되어 있습니다. 그런데 중성자별의 극한 환경으로 인해 여섯 종류 중 하나인 기묘 쿼크가 생성될 가능성이 있습니다. 기묘 쿼크는 위 쿼크, 아래 쿼크보다 무겁고 에너지가 높은 상태입니다. 그래서 일반적으로 네 가지 힘 가운데 약력을 매개로 위 쿼크나 아래 쿼크로 변화해 안정적인 상태가 됩니다. 즉, 기묘 쿼크가 생성되더라도 곧장 더 안정적인 위 쿼크나 아래 쿼크로 돌아가는 것입니다.

그런데 쿼크가 모인 쿼크별에서는 파울리의 배타 원리(양자 세계에서는 같은 양자 상태를 취할 수 없다는 원리)에 따라 기묘 쿼크가 위 쿼크나 아래 쿼크로 변환되는 것보다는 기묘, 위, 아래의 세 가지 쿼크가 공존하는 것이 더 안정적인 상태입니다. 이 상태를 기묘물질이라고 합니다. 위, 아래, 기묘 쿼크로 구성된 기묘물질은 글루온으로 위, 아래 쿼크가 묶여 구성된 양성자나 중성자보다 압도적으로 안정되어 있는데, 그 안정성은 우주 제일입니다.

기묘물질은 양성자와 중성자의 상태보다 안정적이기 때문에 우리 주위에 있는 양성자나 중성자도 기묘물질로 인해 붕괴될 것입니다. 하지만 원자핵이 기묘물질에 붕괴되려면 동

기묘물질

*각각 위(up), 아래(dowm), 기묘(strange) 쿼크의 이니셜

시에 몇 가지 조건을 만족해야 하고, 우주 종말보다 더 오랜 시간이 걸립니다. 즉, 현실적으로 우리 주변의 양성자와 중성자가 기묘물질에 붕괴될 일은 없습니다.

기묘물질은 모든 것을 침식한다

기묘물질과 진공 사이에는 표면장력이 있고, 표면장력이 작다면 기묘물질의 크기가 작을수록 더 안정적입니다. 한편 표면장력이 크다면 기묘물질의 크기가 클수록 더 안정적입니다. 그런데 이렇게 되면 큰일입니다. 초고압 상태인 중성자별 안에서 기묘물질이 튀어나와도 기묘물질끼리 달라붙어 기묘체Strangelets를 만들고, 안정된 상태로 우주 공간을 떠돌 수 있습니다. 기묘물질에 닿은 물질은 그 안정성에 영향을 받아 모두 기묘물질로 변환되고 맙니다. 중성자별 안에서 기묘 쿼크가 만들어지면 다른 쿼크와 함께 기묘물질을 만들고, 주위의 쿼크물질을 점차 기묘물질로 변환시킵니다.

기묘물질이 중성자별 안에 머물러 있다면 안전합니다. 그런데 중성자별의 강력한 중력으로 중성자별끼리 충돌하는 경우, 기묘물질이 우주로 방출되고 닿은 물질을 모두 기묘물

질로 변환시킵니다. 기묘물질끼리 달라붙은 기묘체의 성질
은 밀도가 중성자별과 비슷하고, 크기는 최소의 경우 원자
이하, 최대의 경우 수 미터나 됩니다.

이처럼 단 한 알의 기묘물질이 지구에 부딪히면, 부딪힌
부분부터 기묘물질로 변환됩니다. 지구를 침식하면서 결국
에는 모든 원자가 기묘물질로 변해버립니다. 그리고 지구는
소행성 크기의 기묘한 별이 되어 생애를 마칩니다. 기묘물질
이 지구가 아닌 태양에 부딪힌 경우도 마찬가지입니다. 태양
은 기묘물질에 침식되어 소행성 크기의 뜨겁고 작은 기묘한
별이 되고 지구에는 영원한 겨울이 찾아올 것입니다. 참고로
기묘물질이 지구에 가까워지고 있다고 해도 그것을 알 수는
없습니다. 기묘물질은 빛을 내지 않고, 빛과 상호작용하지
않기 때문입니다.

'기묘물질 = 암흑물질' 설

이 특징을 들어 보니 어떤 것과 비슷한 것 같지 않나요? 빛을
내지 않고 빛과 상호작용하지 않는 암흑. 그리고 빛을 휘게
만들며 질량은 있지만 블랙홀은 아닌 것. 바로 암흑물질입

니다. 일설에 따르면, 중성자별보다 극한의 상황이었던 우주 탄생 초기에 대량의 기묘물질이 만들어져 우주 팽창과 함께 퍼졌고, 중력이 강한 부분에 밀집했다고 합니다. 사실 은하의 구조를 유지하고 있는 것은 기묘물질이며, 기묘물질은 도처에 널려 있다는 설입니다. 물론 이는 가설이며, 완전히 빗나간 사고방식일지도 모릅니다. 현재 다양한 논의가 진행되고 있어, 우주선宇宙線(우주에서 날아오는 고에너지의 각종 입자선_옮긴이)과 상호작용하여 생겨나는 입자나 가속기로 생겨나는 다양한 입자의 관측을 시도하고 있지만, 아직 기묘물질은 발견되지 않았습니다.

　물론 반대 의견도 있습니다. 기묘물질이 있다면 우주 전체가 기묘물질이 되었을 것이므로, 애초에 기묘물질은 없다는 것입니다. 사실, 기묘물질이 없다면 지금 이러한 생각은 그저 시간 낭비에 불과합니다. 하지만 과학은 그런 가설과 검증을 통해 발달했습니다. 완전히 빗나간 생각이나 잘못된 가설이 생기는 한편, 극소수의 올바른 이론과 실험 결과의 집대성이 현대 사회를 지탱하고 있는 것입니다. 우리가 품는 별것 아닌 호기심이 행동의 원천이 되고, 그러한 행동이 축적되어 미래를 만들어나간다는 것만큼은 분명합니다.

태양계는 얼마나 클까

태양과 그 주위를 도는 천체로 구성된 집단인 태양계. 그 중심에는 거대 항성인 태양이 태양계를 지배하고 있습니다. 태양의 질량이 차지하는 비율은 태양계 전체의 99.86%입니다. 태양을 제외한 나머지 행성의 질량을 모두 더해도 그 합은 태양계 전체의 0.14%에 불과합니다. 그리고 0.14%의 질량 중 목성, 토성, 천왕성, 해왕성이 99%를 차지하고 있습니다.

태양계는 어떻게 만들어졌을까

138억 년 전, 에너지만으로 채워진 뜨거운 공간이 갑자기 탄생했습니다. 우주의 시작입니다. 공간은 조금씩 크기를 늘려 나가다가, 어느 순간 갑자기 인플레이션이라 불리는 급격한 공간 팽창이 시작됩니다. 양자요동이 그대로 끌어당겨질 정도의 기세로 공간이 팽창합니다. 우주는 거대해지고 점차 식으면서 공간은 물질의 가스로 채워지고, 태양계도 이 원자의 가스로부터 생겨납니다.

약 46억 년 전, 수 광년 크기에 퍼져 있던 원자의 가스가 중력에 의해 모이기 시작합니다. 그러자 중심의 중력이 강해지고, 모여든 먼지와 가스가 각운동량 보존 법칙에 따라 원반 모양으로 회전하기 시작합니다. 이 회전으로 운동에너지를 갖는 원자끼리는 서로 충돌하고, 충돌은 열에너지로 변환되며 원반의 중심에 가까워질수록 온도가 높아집니다. 원반 중심의 밀도는 점점 높아져 점차 구체를 형성합니다. 구체를 만든 수소는 핵융합하기 시작하면서 현재의 태양처럼 밝게 빛나기 시작합니다. 이 무렵, 중심보다 바깥쪽을 돌던 가스와 먼지도 점차 중력의 영향으로 미행성을 형성합니다.

태양계 초기는 이렇게 탄생한 100억 개가 넘는 작은 행성으로 채워져 있습니다. 미행성은 서로 충돌해 파괴되고 파편을 흩뿌리며 모여드는 가운데 점차 크기가 커집니다. 합체와 파괴를 반복함으로써 질량이 큰 덩어리는 중력이 강해집니다. 궤도상에서 가장 커다란 질량을 가진 행성이 지배적인 힘을 갖기 시작하며 현재의 행성처럼 거대해집니다. 이로써 현재의 태양계가 탄생했습니다.

태양이란 무엇인가

태양계의 중심은 태양입니다. 태양은 질량이 지구의 33만 3,000배이며, 태양계 전체의 99.86%의 질량을 갖고 있습니다. 강력한 중력으로 핵의 수소가 핵융합하면서 별이 쪼그라들려는 힘에 반발해, 절묘한 균형을 유지하며 둥글고 뜨겁게 빛나고 있습니다.

태양은 막대한 에너지를 전자기파로 방출합니다. 방출하는 전자기파는 다양한데, 주된 것은 감마선과 X선, 자외선, 적외선 등입니다. 그리고 가장 많이 방출하는 전자기파는 가시광선입니다. 이러한 태양이 방출하는 전자기파가 지구를 밝게 비춰주며 우리의 활동을 지탱하고 있습니다.

태양 주위를 도는 '지구형 행성'

태양 주변의 천체는 어떻게 되어 있을까요? 태양을 도는 행성은 여덟 개이며 이는 지구형 행성과 목성형 행성, 두 종류로 분류됩니다. 태양 가까이를 공전하는 천체 가운데 암석이나 금속을 많이 포함하면서 크기가 작고 밀도가 높은 행성을 지구형 행성이라고 합니다.

지구형 행성은 네 개입니다. 태양에서 가까운 순서대로 수성, 금성, 지구, 화성입니다. 지금부터 지구를 제외한 세 가지 지구형 행성을 소개하겠습니다.

지구형 행성 1   수성

수성은 태양에 가장 가깝고 가장 작은 행성입니다. 태양 주위를 타원형 궤도로 88일에 한 바퀴씩 돌고 있습니다. 이 정도로 항성에 가까운 행성은 보통 강력한 중력으로 자전에 제동이 걸려서 지구를 도는 달처럼 항상 같은 면을 태양을 향한 채로 돕니다. 하지만 수성의 궤도는 타원형이라서 완전한 제동을 피하고 자전합니다.

수성

표면의 평균 온도는 약 180℃입니다. 대기가 거의 존재하지 않아 낮과 밤의 온도 차가 큰데, 밤은 -170℃이고 한낮에 가장 뜨거운 곳은 400℃를 넘는 매우 극단적인 환경입니다. 햇빛이 닿지 않는 곳에는 얼음이 존재합니다.

지구형 행성 2 금성

수성 다음으로 금성이 있습니다. 금성은 지구에서 가장 가까운 행성입니다. 태양 주위를 예쁜 원을 그리며 공전하고, 행성의 크기와 밀도는 지구와 거의 같은데 대기의 대부분은 이산화탄소입니다. 이산화탄소로 이루어진 대기는 매우 무거워서 지표면 부근의 기압은 지구의 92배입니다. 이는 수심 920m의 바다에 맨몸으로 잠수하는 것과 같습니다. 즉, 인간

금성

은 금성의 표면에서 생활할 수 없습니다.

수성에 비하면 태양에서 훨씬 먼 거리에 있지만, 이산화탄소의 온실효과 때문에 기온이 약 460℃로 수성보다 높습니다. 다른 태양계 행성의 자전과는 반대로 회전하고 속도는 매우 느려서 한 바퀴 도는 데 243일이나 걸리며, 120일 이상 낮과 밤이 이어집니다.

지구형 행성 3 　화성

화성은 지구보다 바깥쪽을 도는 지구형 행성으로, 지름은 지구의 약 절반입니다. 무게는 지구의 10분의 1에 불과한 작은 행성입니다. 화성의 표면적은 지구의 육지 면적과 같습니다. 중력은 지구의 40% 정도에 불과하고 지표면의 원자는

화성

우주로 방출되어 대기가 거의 없습니다. 한편 하루의 길이는 지구와 거의 비슷한 약 24시간 40분입니다. 얇은 대기에 먼지 바람이 발생하고 물의 흔적이 있는 지형이 존재하는 등, 지구와 가장 비슷한 태양계 행성입니다.

에너지 사용량을 통해 문명 수준을 나타내는 '카르다쇼프 척도'(⇨285쪽 참고)에 따르면, 현재의 인류는 지구 자원을 사용하는 1단계에도 미치지 못한 문명입니다. 2단계 문명(태양으로부터 직접 에너지를 추출하거나, 태양 에너지를 사용해 행성을 자유롭게 개조할 수 있는 기술을 보유)을 목표로 할 때, 화성은 인류가 지구처럼 개조해 거주하는 행성이 될지도 모릅니다.

행성이 되지 못한 '소행성대'

화성 다음에는 목성이 있는데, 화성과 목성 사이에는 태양계를 이루는 구조가 하나 더 존재합니다. 바로 소행성대입니다. 지름이 수 밀리미터부터 수 미터, 수 킬로미터 등 다양한 크기의 소행성이 무수히 흩어져 있는데, 이 다양한 크기의 천체들은 행성이 되지 못한 물질의 집단입니다.

일반적으로 행성은 소행성이 충돌을 거듭함으로써 만들어

집니다. 그런데 소행성대 주변의 소행성은 가까이에 있는 목성의 강력한 중력에 의해 성장을 방해받아 그대로 남아 있습니다. 따라서 소행성대에는 원시 태양계가 그대로 남아 있을지도 모릅니다. 다양한 크기의 천체가 무수히 흩어지고 밀집해 있는 영역이지만 실제 밀도는 매우 낮아서 로켓으로 소행성대를 통과해도 부딪힐 우려는 거의 없다고 합니다.

소행성대에서 가장 큰 천체는 왜행성 세레스입니다. 지름은 약 1,000km로, 도쿄와 가고시마의 직선 거리(서울과 베이징의 직선 거리_옮긴이) 정도입니다. 보통 소행성은 분자끼리 결합하는 힘으로 형성되어 뒤틀린 형태입니다. 하지만 왜행성 세레스는 자체 중력에 의해 구체 모양입니다.

소행성대에 있는 수많은 소행성은 현재도 충돌을 반복하면서 궤도가 바뀌거나, 지구를 스쳐 지나가거나, 작은 파편이 쏟아져 내리는 별똥별이 되어 우리를 즐겁게 해줍니다.

태양 주위를 도는 '목성형 행성'

소행성대의 바깥쪽에는 네 개의 거대 행성인 목성, 토성, 천왕성, 해왕성이 존재합니다. 지구형 행성이 암석과 금속으로 이루어져 있는 반면에, 목성형 행성은 수소와 암모니아 등 휘발성 가스로 이루어져 있습니다. 이번에는 이 네 개의 '목성형 행성'을 소개하겠습니다.

목성형 행성 1　목성

목성은 태양계의 최대 행성으로, 무게는 목성 이외의 태양계 행성을 모두 합한 것의 2.6배입니다. 지름은 태양의 10분의 1, 지구의 10배에 해당하는 거대 행성인데도 자전 속도는 매우 빨라 한 바퀴를 도는 데 불과 열 시간밖에 걸리지 않습니다. 빠른 자전 때문에 적도 부근의 중력이 북극이나 남극 지점보다 7% 정도 작습니다. 표면은 비중이 작은 수소로 채워져 있고, 중심으로 들어가면 비중이 큰 헬륨이 늘어납니

목성

다. 특히 목성 표면은 독특한 무늬로 되어 있습니다. 이 무늬는 갖가지 분자 가스가 만들어내는 구름으로, 세월이 흐르면서 목성 표면의 무늬는 변화합니다.

목성은 질량이 크고 중력이 강력해서 주위의 소행성과 암석을 끌어들여 대규모 충돌을 종종 일으킵니다. 목성보다 안쪽에 있는 내행성계(수성·금성·지구·화성_옮긴이)를 향해 날아드는 천체도 목성의 거대한 중력에 끌어당겨져, 내행성계의 피해는 최소한으로 그칩니다. 만약 목성이 없었다면 운석이 지구에 충돌하는 빈도가 증가해 생명이 풍부한 지구가 만들어질 일은 없었을 것이라는 말이 나오는 이유입니다. 목성은 말하자면 '지구의 보디가드'와 같은 존재입니다.

목성형 행성 2 토성

목성 다음에는 목성과 마찬가지로 거대한 가스 행성인 토성이 있습니다. 토성은 목성 다음가는 거대 행성입니다. 부피는 지구의 764배이며 주성분은 가스로, 질량은 지구의 95배 정도입니다. 비중은 물의 30% 정도인데, 만약 토성이 쏙 들어가는 크기의 수영장이 있다면, 토성은 수영장에 둥실둥실 뜹니다. 대기 표면의 주성분은 96%가 수소로, 탄생 직후의 태양과 거의 비슷한 원소 균형으로 되어 있습니다.

토성

토성에는 거대한 고리가 있는데, 토성 주위를 도는 위성이
강력한 기조력起潮力(중력에 의해 조석이나 조류 운동을 일으키는 힘_옮
긴이)의 영향으로 파괴되면서 만들어졌습니다.

목성형 행성 3　천왕성

토성 다음으로 큰 거대 행성이 천왕성입니다. 목성이나 토
성과 달리 푸른색으로 빛나는 이 행성은 어딘가 신비로워 보
입니다. 천왕성은 태양에서 멀기 때문에 춥고, 표면의 엷은
대기 아래는 액체 헬륨과 액체 메탄으로 채워져 있으며, 그
아래는 액체 암모니아와 언 메탄으로 되어 있습니다. 그래서
해왕성과 함께 거대 얼음 행성으로 불리는 경우가 있습니다.

천왕성

일반적인 행성은 지구처럼 가로 방향으로 자전하는데, 천왕성은 세로 방향으로 자전합니다. 이유는 밝혀지지 않았지만, 거대 천체의 충돌 때문이라는 설이 유력합니다. 시뮬레이션 결과, 과거에 커다란 충돌이 두 차례 발생했을 경우 자전이 현재의 천왕성과 일치한다는 사실이 밝혀졌습니다.

천왕성이 태양 주위를 한 바퀴 도는 데 걸리는 시간은 84년입니다. 세로 방향의 자전과 느린 주회 속도가 원인이 되어 천왕성의 극점에서는 낮과 밤이 각각 42년씩 이어집니다. 만약 천왕성에서 태어난다면 긴 인생 중에 낮과 밤을 각각 한 번씩밖에 경험하지 못할 테니 좀 서글플 것 같습니다.

천왕성의 바깥쪽, 태양에서 가장 먼 거대 행성이 해왕성입니다. 천왕성과 마찬가지로 해왕성의 성분은 가스가 액체 모양과 고체 모양으로 되어 있고, 표면 대기에 있는 메탄 등의 스펙트럼을 흡수하여 푸르게 빛나고 있습니다. 대기의 주성분은 수소와 헬륨입니다. 해왕성의 표면은 강렬한 바람이 세차게 부는데, 그 폭풍은 태양계에서 1등입니다. 풍속은 초속 360m, 시속으로 환산하면 1,300km입니다. 즉 전투기에서 창문 밖으로 얼굴을 내미는 것과 같습니다.

해왕성은 엄청나게 거대한 행성인데, 지구에서 멀리 떨어져 있는 탓에 발견이 늦어진 행성입니다. 해왕성 발견에는

해왕성

천왕성과 만유인력의 법칙이 밀접하게 얽힌 드라마가 있습니다. 해왕성이 발견되지 않았던 무렵, 천왕성의 움직임과 만유인력의 법칙을 대조해 봤더니 계산 결과와 관측 결과가 일치하지 않는다는 사실이 밝혀졌습니다. 만유인력의 법칙이 의심을 받게 된 순간이었습니다. 그런데 천왕성의 움직임을 만유인력의 법칙으로 더 자세히 계산했더니, 가까이에 있는 미지의 거대 중력원 때문에 천왕성의 궤도가 어긋나 있다는 사실을 알게 되었습니다. 만유인력의 법칙을 사용해 거대 중력원의 위치를 계산했고, 그쪽을 향해 망원경으로 관찰했더니 해왕성이 발견된 것입니다(⇨134쪽).

명왕성은 왜 태양계에서 퇴출당했을까

여기까지가 일반적으로 상상하는 태양계인데, 해왕성의 바깥쪽에는 아직도 많은 천체가 존재합니다. 해왕성의 바깥쪽에 천체들이 밀집한 영역이 있는데, 이를 카이퍼 벨트라고 합니다. 지름 100km를 넘는 천체가 10만 개 이상 있을 것으로 추정됩니다. 그중에서 가장 유명한 것이 명왕성입니다.

명왕성은 1930년에 발견되어 태양계의 아홉 번째 행성으로 여겨졌습니다. 하지만 행성의 조건을 충족하지 못한다는 이유로 2006년에 행성에서 퇴출당해 왜행성이 되었습니다.

카이퍼 벨트는 태양에서 충분히 떨어져 있는 천체의 집단인데, 그렇다고 해도 태양계의 가장 바깥쪽에 있는 구조는 아닙니다. 카이퍼 벨트보다 더 바깥쪽에 산란원반 천체가 존재합니다. 일반적으로 천체는 예쁜 타원을 그리며 태양 주위를 공전하는데, 카이퍼 벨트에서는 해왕성과 같은 거대 행성의 중력 때문에 궤도가 어긋난 천체가 태양 주위를 일그러진 타원을 그리면서 돌고 있습니다. 그 바깥쪽에는 '오르트 구름'이라는 소천체군이 있습니다.

카이퍼 벨트

여기까지 오면 태양의 영향력은 상당히 작을 것 같지만, 사실 태양은 아직 한참 멀리까지 영향력을 발휘하고 있습니다.

태양계에서 가장 먼 곳에 있는 태양권

태양의 영향력이 미치는 영역 중 하나가 바로 태양권입니다. 태양권이란 태양의 활발한 활동으로 발생하는 '태양풍'이 영향을 미치는 영역을 말합니다. '풍風'이라고 하지만 사실 그 정체는 양성자와 전자입니다.

태양의 성분인 수소는 초고압으로 전자가 자유롭게 돌아다니는 플라스마 상태입니다. 아울러 태양의 자기장으로 플라스마가 교란되어 그중 일부가 태양의 바깥쪽인 우주 공간으로 방출됩니다. 태양풍의 속도는 초속 수백 킬로미터입니다. 이것이 지구를 스쳐 지나가는 경우 지구의 자기장 때문에 플라스마의 궤도가 바뀌어 북극과 남극 상공에 쏟아져 내립니다. 그렇게 되면 태양풍은 '오로라'가 되어 밤하늘을 아름답게 연출합니다.

지구나 행성에 부딪히지 않은 플라스마는 명왕성이나 카이퍼 벨트, 산란원반 천체의 바깥쪽까지 도달합니다. 태양계는 은하계 안쪽을 움직이고 있고, 태양계 전체가 진행하는 방향의 공간에 존재하는 양성자와 전자는 태양에서 방출된 플라스마에 충돌합니다. 이 현상으로 태양풍이 점차 감속하다가 정확히 균형을 이루는 지점이 존재합니다. 이 경계가 바로 태양권계면입니다.

태양에서 태양권계면까지의 거리는 140억 6,000만km입니다. 실감이 잘 나지 않는 단위라서 별도의 단위인 'AU'를 사용합니다. AU란 다른 이름으로 하면 '천문단위'로, 지구와 태양과의 거리를 1AU로 합니다. 태양권계면까지의 거리를 천문단위로 환산하면 94AU입니다. 태양풍은 지구와 태양 거리의 94배까지 영향력을 발휘하고 있습니다.

태양권 너머에 도달한 탐사선 '보이저'

현재 인류가 보낸 탐사선 중 가장 먼 거리에 도달한 것은 '보이저 1호'입니다. 1977년 미항공우주국 나사에서 발사한 보이저 1호는 2012년에 94AU 떨어진 태양권계면의 존재를 확인하면서 태양권의 바깥쪽에 도달했다는 사실이 밝혀졌습니다. 현재도 광활한 우주를 여행하고 있습니다.

인류가 최고의 지혜와 기술을 집약해 겨우 내려서는데 성공한 유일한 천체가 달입니다. 지구에서 떨어진 거리는 약 38만km입니다. 그런 우리에게 이웃 항성, 은하계, 태양권계면은 아직 한참 멀고 접할 수 없는 미지의 존재입니다. 아무리 관측하고 연구했다고 해도, 그것은 신비롭고 현실과 동떨어져 있어 존재를 실감할 일은 없습니다. 하지만 태양계를 알고 그 영향력을 알게 된 지금, 태양과 이웃 항성, 은하계, 그리고 중성자별과 블랙홀조차도 우리가 사는 은하와 우주에 존재한다는 사실이 느껴집니다.

계속되는 연구로 다양한 이론과 기술 진보에 가속도가 붙고 있습니다. 비행기라는 기술 혁신이 지구를 작게 만든 것과 마찬가지로, 과학과 기술이 진보한다면 우주는 꾸준히 작아지다가 결국 우리에게 친숙한 존재로 다가올 것입니다.

3장

에
너
지

에너지란 무엇인가

다이너마이트나 핵무기는 폭발하면 강력한 에너지를 방출합니다. 암반을 부수고 거대한 크레이터를 만드는 등, 지구에 어느 정도 영향을 줍니다. 그런데 코로나, 초신성 폭발, 블랙홀의 중력 등이 발생하는 우주에서 보면, 지구에서 우리가 다루는 에너지는 너무나도 미약합니다. 나아가 우주 전체를 놓고 보면, 태양이나 블랙홀의 에너지조차 우주를 구성하는 작은 요소 중 하나입니다. 그렇다면 우리 우주에서 '에너지'란 애초에 무엇일까요? 우주 전체의 에너지를 알 수 있는 방법은 있을까요?

열과 전기는 에너지가 아니다

에너지라는 말을 들으면 쉽게 상상할 수 있을 것 같습니다. 불꽃이 가진 에너지, 태양이 가진 에너지, 원자력 발전소가 만들어내는 에너지 등입니다. 하지만 에너지의 본질을 생각하면 사실 상상하기가 매우 어렵습니다. 태양의 따뜻함, 모닥불의 온기, 핵분열의 열. 이것들은 에너지가 아닙니다. '따뜻함'이란 에너지의 작용이지, 에너지 자체는 아닙니다. 에너지의 작용으로 생긴 산물로 열이나 전기가 발생합니다. 그렇다면 에너지는 무엇을 가리키는 걸까요?

과학에서 에너지는 단 두 가지로 분류됩니다. 하나는 화학적 위치에너지, 다른 하나는 운동에너지입니다.

에너지 1　위치에너지

화학적 위치에너지는 화학 결합 자체입니다. 팽팽하게 당긴 고무와 같은 상태로, 항상 수축하려는 힘이 작용하고 있습니다. 결합을 파괴하면 그때까지 모여 있던 위치에너지가 단번에 방출됩니다. 예를 들어 석유나 석탄은 불을 붙이면 화학 결합이 파괴되어 에너지가 방출됩니다. 방출된 에너지는 열로 나타나며, 우리는 그 열을 느끼는 것입니다.

운동에너지는 말 그대로 운동과 관련된 에너지입니다. 자동차나 비행기 등이 움직일 때 운동에너지를 갖고 있습니다. 운동에너지는 큰 물체든 작은 분자든 같습니다. 분자와 원자는 이동하거나 진동하거나 회전하는데, 이것이 운동에너지 그 자체입니다.

물 분자를 가지고 생각해 볼까요? 물 분자는 수소 원자 두 개와 산소 원자 한 개가 이어져 있고, 분자와 원자는 진동합니다. 이것이 분자와 원자가 가진 운동에너지입니다. 컵 한 잔의 물 안에는 대량의 물 분자가 들어 있는데, 각 분자는 크게 진동하는 것과 작게 진동하는 것 등 다양합니다. 즉, 에너지의 크기는 다르다는 뜻입니다. 그리고 각 분자의 에너지를 평균한 것이 물의 온도로, 컵에 손가락을 넣거나 물을 마실 때 에너지의 따뜻함이나 차가움을 실감합니다.

운동에너지가 열로서 모습을 나타낼 때 '뜨겁다, 차갑다'라고 표현하는데, 이는 상대적인 의미입니다. 예를 들어 컵에 차가운 물을 따라 방에 두었을 경우, 물 분자보다 공기 중 분자가 더 큰 운동에너지를 갖고 있습니다. 물 분자보다 격렬하게 진동하고 있는 공기 중의 분자가 물 분자에 부딪혀 물 분자를 진동시킴으로써 컵 안에 든 물의 온도를 올립니다. 반대로 컵에 뜨거운 물을 따르면 물 분자가 공기 중의 분자를 진동시켜 방 온도가 약간 올라가고, 컵 안의 뜨거운 물이 식어갑니다.

물 한 방울의 에너지는 원자폭탄 격

에너지에는 중요한 원칙이 있습니다. 그것은 줄어들거나 늘어나는 경우가 없다는 것입니다. 에너지가 이동하는 일은 있어도 전체적으로 보면 에너지의 양은 항상 일정합니다. 뜨거운 물이 식으면 뜨거운 물의 에너지는 줄어들지만, 공기 중으로 에너지가 이동했을 뿐입니다. 우주 전체를 보더라도 마찬가지입니다. 우주가 탄생한 순간에 우주가 가진 에너지의 합은 이미 정해져 있습니다. 정체불명의 '암흑에너지'를 제외하면 우주의 어딘가에서 에너지가 새롭게 만들어지거나 어딘가로 사라져버리는 일은 없습니다. 우주가 가진 총에너지는 우주 탄생부터 현재, 그리고 미래에도 항상 일정합니다. 그렇다면 우주가 가진 에너지는 어디에 어떠한 형태로 존재할까요?

그 수수께끼를 푸는 열쇠는 아인슈타인이 발표한 상대성 이론 공식, 'E=mc²'에 있습니다. 이 공식은 '질량은 에너지이며, 질량과 에너지는 교환 가능하다'라는 사실을 나타냅니다. 예를 들어 1g의 물질이 가진 에너지는 90조 줄(J)입니다. 이것은 태평양 전쟁 당시 일본 나가사키에 떨어진 원자폭탄과 거의 비슷한 에너지양입니다. 스포이트로 떨어뜨린 물 한 방울을 모두 에너지로 변환하면 원자폭탄 한 발 정도가 되는 것입니다.

에너지에서 물질을 만들어내다

질량에서 에너지로 변환되는 현상은 폭발 현상으로 상상할 수 있는데, 에너지에서 물질을 만드는 현상은 어떤 걸까요? 여기서 중요한 것은 에너지의 밀도입니다. 막대한 에너지를 매우 좁은 영역에 응축하면 물질이 만들어집니다. 에너지 밀도를 높게 해서 만들어지는 입자가 바로 소립자입니다.

에너지에서 물질을 만들어낸다고 하면 단순히 이론상의 이야기 같지만, 실제로 실험을 통해 에너지로부터 소립자를 만들어낼 수 있습니다. 예를 들면 양성자나 중성자를 충돌시키는 가속기로 만들 수 있습니다. 가속된 양성자나 중성자가 부유 상태의 원자에 충돌하면 막대한 에너지가 고밀도로 발생하고, 에너지로부터 입자가 만들어집니다. 그 수는 1초 동안 수십억 개나 됩니다.

에너지로부터 소립자가 만들어질 때는 반드시 두 개가 한 세트로 출현합니다. 전자를 예로 살펴보겠습니다. 전자는 매우 가벼운 소립자 중 하나로, 마이너스 전하를 갖고 있습니다. 에너지로 전자를 만들 때 마이너스 전하를 가진 전자와 동시에 플러스 전하를 가진 전자도 생성됩니다. 플러스 전하를 가진 전자를 '양전자'라고 합니다. 이처럼 쌍으로 생성되는 다른 한 편의 입자를 '반입자'라고 합니다.

수소와 반수소의 입자 · 반입자 구조

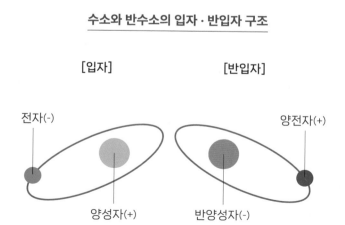

[입자]　　　　　　　　[반입자]

전자(-)　　　　　　　　　　　　양전자(+)

양성자(+)　　　　반양성자(-)

전자뿐만이 아닙니다. 모든 소립자에는 반입자가 존재합니다. 반양성자와 반중성자까지 원자를 구성하는 양성자, 중성자, 전자에는 모두 반입자가 존재하는 것입니다. 반양성자, 반중성자, 양전자가 존재한다면, 반입자만으로 구성된 반원자도 존재할 수 있습니다. 예를 들면 일반적인 수소 원자는 양성자 주위를 전자가 둘러싸고 있고, 반양성자와 그 주위를 둘러싼 양전자로 이루어진 물질이 반수소인 셈입니다. 이처럼 반입자로부터 만들어진 물질을 '반물질'이라고 합니다.

반물질이 만들어내는 에너지

반양성자의 주위를 양전자가 도는 반수소가 있다면, 마찬가지로 반산소도 존재할 수 있습니다. 입자와 반입자가 충돌해 모든 질량을 에너지로 방출하는 것과 마찬가지로 물질과 반물질이 충돌하면 막대한 에너지를 방출합니다. 이 반응은 현재 생각할 수 있는 가장 높은 에너지 밀도를 갖고 있습니다. 자동차의 연료에 비유하자면, 총 1g의 물질과 반물질은 2톤이 넘는 다섯 대의 미니밴을 10만km 주행시킬 수 있는 에너지를 갖고 있습니다. 즉 신차를 구입하고 나서 폐차할 때까

물질과 반물질

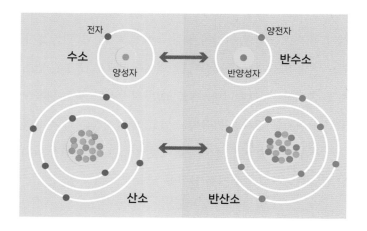

지 한 번도 연료를 보급할 필요가 없는 셈이지요.

반물질은 엄청난 에너지 효율을 기대할 수 있지만, 안타깝게도 지구상에 천연 반물질은 존재하지 않습니다. 어디까지나 가속기를 사용해 만들어내야 합니다. 다만 반물질을 만들려면 반물질이 가진 것보다 수십억 배의 에너지가 필요합니다. 아무래도 반물질을 만들어 연료로 쓰는 방법은 상책이 아닌 것 같습니다. 그렇다면 우주에 흩어져 있을 반물질을 사용하면 문제는 해결될 것입니다. 우주에는 얼마만큼의 반물질이 존재할까요? 그것을 알려면 우주 탄생까지 거슬러 올라가야 합니다.

우주가 탄생할 때 에너지에서 소립자가 만들어지기 시작합니다. 이때 동시에 반입자도 만들어지고, 입자와 반입자의 비율은 정확히 50대 50입니다. 탄생 초기의 우주에는 입자와 반입자가 같은 양이 존재했던 것입니다. 생성된 입자와 반입자는 서로 충돌해 다시 에너지로 돌아갑니다.

우주 탄생 초기에는 에너지로부터 입자가 만들어졌다가 사라지는 현상이 끊임없이 일어났습니다. 입자와 반입자가 충돌하면 에너지는 전자기파로 방출되고, 이 전자기파가 마이크로파의 파장으로 늘어나 현재는 우주배경복사로 관측할 수 있습니다. 따라서 우주 탄생 초기에 존재했던 반물질은 모두 소멸하고 말았습니다. 여기서 궁금증이 생깁니다. 에너지에서 만들어진 입자와 반입자는 정확히 절반씩이므로 만들어진 입자(와 반입자)는 모두 전자기파로 변환되고 말았을 것입니다. 하지만 현재 우주에는 은하와 태양, 지구, 그리고 우리가 존재합니다. 즉, 물질이 대량으로 존재하는 것입니다.

최신 연구를 통해 우주 탄생으로 생성된 물질과 반물질은 10억 분의 1의 비율로 '물질이 더 많았다'라는 사실이 밝혀졌습니다. 만약 우주 탄생 초기에 물질과 반물질의 비율이 정확히 반씩이었다면 현재 우주는 전자기파만 떠도는, 적막한 공간이었을 것입니다. 1964년, 중성 K-중간자(여러 소립자가 조합된 물질) 붕괴를 관측했던 두 명의 미국인 물리학자가 물질과 반물질의 생성이 정확히 반씩이 아닌 현상의 후보를 발견(CP 대칭성 깨짐)했습니다. 그 후 1973년에 일본 교토대학의 물리학자 두 명이 '고바야시-마스카와 이론'을 발표하면서 CP 대칭성 깨짐을 설명했습니다. 이로써 현재 우주가 물질로 차있는 이유의 규명이 진전되었습니다.

한편, CP 대칭성 깨짐이 설명하는 입자와 반입자의 불균형은 100억 개 당 한 개의 비율에 불과합니다. 현재의 우주를 설명하기 위해서는 자릿수가 하나 모자란 것입니다.

우주의 전체 에너지 중 알려진 에너지는 단 5%

이처럼 현재 우주는 에너지로부터 생성된 물질로 구성되어 있습니다. 물질로 채워진 우리 우주. 그런 우주에 존재하는 에너지양을 알고 싶다면 우주에 흩어진 물질의 질량을 합계 내면 될 것 같습니다. 질량은 에너지로 변환할 수 있기 때문입니다. 결론부터 말하자면, 우주의 물질을 합계 내더라도 우주의 에너지양을 아는 것은 불가능합니다. 왜냐하면 전체 우주가 가진 에너지 중에 물질이 가진 에너지는 고작 5% 정도에 불과하기 때문입니다. 그렇다면 나머지 95%의 에너지는 어디로 가버린 걸까요?

물질 이외에 우주가 가진 에너지의 정체를 어느 정도 추측해 볼 수 있습니다. 바로 암흑물질과 암흑에너지입니다. 암흑물질은 전체 우주가 가진 에너지의 27%로, 물질의 다섯 배이상이나 되는 에너지를 갖고 있습니다. 물질과 암흑물질의 에너지를 합하면 전체 우주의 32%입니다. 나머지 68%는 암흑에너지가 갖고 있습니다. 결국 정체불명의 에너지가 우주 최대의 힘을 갖고 있다는 뜻입니다.

여러분이 지금 보고 있는 스마트폰이나 컴퓨터, 그리고 방에서 느긋하게 쉬면서 들이마시는 질소나 산소까지 모두 물질입니다. 앞에서 소개한 대로 에너지 자체는 우리가 직접 느낄 수 있는 것이 아닙니다. 의식하든지 아닌지는 차치하더라도, 우리가 물질로 실감하고 있는 에너지는 우주의 고작 5%밖에 되지 않습니다. 이렇게 생각하면 밝혀지지 않은 95%의 에너지가 우리 주위에 존재하지 않는다는 것이 더 이상합니다. 어쩌면 실감하고 있지 못할 뿐이지 사실 암흑물질과 암흑에너지는 물질 이상으로 우리 가까이에 존재하고 있을지도 모릅니다.

중력의 정체

중력을 밝혀내고자 했던 과학자들

가장 친근한 힘이면서 우리가 평소 의식할 일이 없는 '중력'. 현재의 과학으로도 증명할 수 없는 가장 어려운 힘입니다. 중력 규명의 역사는 오래되었는데, 지금으로부터 400년 이상 전에는 중력을 역학으로 밝혀내고자 했습니다. 유명한 인물이 갈릴레오 갈릴레이입니다.

갈릴레오는 무게의 크고 작음에 상관없이 중력은 모두 평등하게 작용한다고 생각했습니다. 1589년, 피사의 사탑에서 무게가 다른 공을 낙하시키는 실험을 했는데, 실험 결과 무거운 공이든 가벼운 공이든 낙하 속도가 같아 동시에 착지했던 것입니다. 마찬가지로 예를 들어 집을 청소할 때 공중을 떠도는 먼지는 천천히 낙하하지만, 만약 공기가 없다면(진공상태) 야구공이든 먼지든 같은 속도로 낙하합니다. 즉, 중력은 어느 물체든 같은 속도로 낙하시키는 것입니다.

1666년, 아이작 뉴턴은 중력을 수식으로 나타내는 데 도전합니다. 그 결과가 바로 만유인력의 법칙입니다. 만유인력의 법칙은 '모든 물체는 서로 끌어당긴다'라는 것을 하나의 공식으로 나타내는 데 성공한 법칙입니다. 당시에는 지구에서 느끼는 중력과 태양 주위를 도는 지구의 중력을 별개의 것으로 여겼는데, 만유인력의 법칙 탄생은 어느 쪽의 힘도 같은 원리로 설명할 수 있다는, 그야말로 이론 혁명이 일어난 순간이었습니다.

만유인력을 한 마디로 설명하면 질량이 큰 물체일수록 중력이 크고, 중력의 작용은 중력의 중심에서 거리가 가까울수록 강해지며 멀면 약해진다는 것입니다. 눈앞의 스마트폰과 여러분 자신은 서로가 발생시키는 중력으로 서로를 끌어당기고 있습니다. 마찬가지로 유리구슬 두 개를 늘어놓으면 중력에 의해 서로를 끌어당깁니다. 하지만 이 중력들은 너무나 작아서 실감할 수 없습니다.

반면, 물체가 지구 크기가 되면 지표면에서 1G의 중력을 느낍니다. 그 힘은 강력합니다. 실제로 지구가 만들어내는 중력으로 지구는 달을 붙들고 있습니다. 그리고 지구 질량의 33만 배나 되는 질량을 가진 태양은 지구부터 천왕성, 해왕성 등 지구보다 훨씬 먼 지점까지의 행성을 태양의 중력으로 붙잡아둡니다.

만유인력의 법칙을 사용하면 1개월 후에 지구가 어디에 있을지, 1년 후에 목성이 어디에 있을지 계산이 가능합니다.

만유인력의 법칙으로 발견된 행성

만유인력의 법칙이 세상에 정착하기까지는 어떤 드라마가 있었습니다. 바로 해왕성의 발견입니다.

당시 천문학자들은 지구와 화성, 목성 등 행성이 태양계의 주위를 공전한다는 사실은 밝혔지만, 그 힘을 설명할 수는 없었습니다. 그러던 어느 날, 만유인력의 법칙이 등장합니다. 천문학자들이 만유인력의 법칙으로 각 행성의 궤도를 계산했더니 그 움직임이 관측 결과와 멋지게 일치했고, 이로써 만유인력의 법칙이 각광을 받았습니다.

그런데 문제가 발생합니다. 각 행성 중에 천왕성만이 만유인력의 법칙에 따른 계산 결과와 관측 결과가 일치하지 않았던 것입니다. 이때 만유인력에 대한 신뢰가 흔들립니다. 만물을 계산하는 법칙이 사실은 잘못된 것이 아닌가 하고 말입니다. 이에 천문학자가 천왕성의 움직임을 더 자세히 분석하고 만유인력의 법칙과 대조해 가며 검증하자, 놀라운 사실이 밝혀졌습니다. 천왕성 궤도를 계산했을 때 발생하는 결과의 오차는 천왕성 가까이에 있는 강력한 중력이 원인이었던 것입니다. 천왕성의 움직임에서 중력원의 위치, 거리, 천체의 질량 등을 계산했더니 발견되지 않았던 거대 행성의 존재가 시사되었습니다. 그리고 만유인력의 법칙이 제시한, 행성이 존재할 것이라는 장소를 관측했더니 멋지게 해왕성이 발견된 것입니다. 이 순간 만유인력의 법칙이 그야말로 중력을 설명하는 법칙에 걸맞다는 사실이 다시금 증명되었습니다.

만유인력의 법칙 붕괴와 아인슈타인

1장에서 소개한 대로 19세기에 접어들자 만유인력의 법칙에 모순이 확인되었습니다. 관측 기술이 발달하면서 태양에서 가장 가까운 수성을 정밀하게 측정했더니, 만유인력의 법칙 계산 결과와 어긋난다는 사실이 밝혀진 것입니다. 수성의 근일점近日點(궤도상 태양에 가장 가까이 접근하는 점)이 만유인력으로 계산하는 것보다 100년에 50초 정도씩 어긋났습니다. 몇 번이나 정밀하게 측정했는데도 이 어긋남은 오차가 아니었고 똑같은 측정 결과가 나왔습니다. 이에 만유인력의 법칙이 붕괴했던 것입니다. 우주의 모든 것을 설명해 준다고 믿었던 만유인력의 법칙 붕괴는 물리학에 충격을 주었습니다. 그리고 이 문제를 해결하기 위해 알베르트 아인슈타인이 등장합니다.

아인슈타인은 중력이라는 개념을 완전히 다른 관점에서 파악한 '일반상대성이론'을 세웠습니다. 그전에 먼저 중력을 생각하는 데에 중력을 고려하지 않는 '특수상대성이론'을 구축합니다. 특수상대성이론은 중력이 존재하지 않는 조건에서 전자기학적 현상 및 역학적 현상을 설명하는 이론입니다. 아인슈타인의 특수상대성이론은 두 가지 이론을 바탕으로 합니다. 하나는 '광속 불변의 원리'입니다. 진공에서의 빛의 속도 c는 어떤 관성 좌표계(힘이 작용하고 있지 않은 물체가 그 안에서 균일한 운동을 유지하는 기준계_옮긴이)에서든 동일하다는 이론입니다. 또 하나는 '상대성 원리'입니다. 모든 관성 좌표계는 등가라는 원리입니다.

아인슈타인의 발상은 기발함 그 자체였습니다. 기존의 역학에서는 시간이라는 개념은 절대시간을 전제로 했고, 시간은 항상 일정한 속도로 흐르는 것을 당연한 사실로 해서 계산에 반영하고 있었습니다. 공간 또한 절대적인 것으로 다루고 있었습니다. 하지만 아인슈타인은 이런 전제들을 폐기했습니다. 시간과 공간이 유연하게 변화할 수 있을 때, 기존의 역학과 전자기학은 멋지게 통일됩니다. 아인슈타인은 이를 특수상대성이론으로 발표했습니다.

적색편이란

특수상대성이론의 한 사례가 바로 '적색편이'입니다. 적색편이란 전자기파의 파장이 길어지는 것을 말합니다. 예를 들어 지구에서 멀어지는 별을 관측하면 실제 별의 색보다 빨갛게 변색된 것을 알 수 있습니다. 지구에서 멀어지는 빛은 왜 적색편이를 일으키는 걸까요?

구급차의 사이렌 소리로 예를 들어 보겠습니다. 구급차가 가까이 왔을 때 사이렌 소리는 높아지고 멀어질 때 낮아집니다. 소리는 파동이라서 음원에 접근했을 때는 소리의 파장이 짧아지고(소리가 높게 들림), 멀어졌을 때는 파장이 길게 늘어납니다(소리가 낮게 들림). 이를 '도플러 효과'라고 합니다. 소리에 도플러 효과가 있는 것처럼 같은 파동인 빛에도 도플러 효과가 존재합니다. 별이 멀어질 때 소리가 낮아지는 것과 마찬가지로 빛도 파장이 길어져 적색편이를 일으키는 것입니다.

적색편이

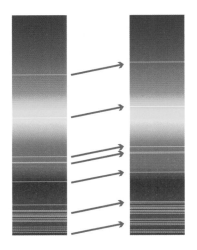

적색편이는 눈에 보이는 가시광선에서만 생길 것 같은데, 실제로는 모든 전자기파에서 발생합니다. 감마선은 X선 방향으로, X선은 가시광선 방향으로, 적외선은 마이크로파 방향으로 모든 주파수대의 전자기파는 전자기파의 발생원이 멀어지면 적색편이가 발생합니다.

그렇다면 광원이 인간의 주위를 고속으로 도는 경우는 어떨까요? 이 경우 광원은 가까워지지도 멀어지지도 않고 거리가 일정합니다. 실제로 자기를 중심으로 구급차가 고속으로 돌더라도 도플러효과는 발생하지 않습니다. 하지만 빛의 경우 광원이 도는 속도를 빠르게 할수록 적색편이가 강해져 더 붉게 편이便移합니다. 이 원리가 바로 시간이 유연하게 변화하는 특수상대성이론입니다.

 '광속 불변의 원리'에 따라 광원이 아무리 빠르게 회전하더라도 빛의 속도는 초속 30만km로 일정해야 합니다. 광원의 진행 방향을 향하는 빛이 빨라지거나 반대로 빛이 느리게 진행되어서는 안 됩니다. 따라서 광속 불변의 원리를 지키기 위해 고속으로 이동하고 있는 광원은 시간이 '느리게 가야 하는' 것입니다. 실제로 고속으로 이동하고 있는 광원은 시간이 느리게 가고, 그 광원에서 나온 빛은 파장이 늘어나 적색편이가 발생합니다. 이 현상은 광속을 일정하게 만들고자 무리하게 시간의 흐름을 변화시켜 억지스러워 보입니다. 하지만 지구 주위를 고속으로 회전하고 있는 GPS 위성은 실제로 시간이 느리게 갑니다. GPS에 탑재된 원자시계는 지상의 원자시계보다 1년에 0.010949초 느려서, 이 지연분을 보정하고 있습니다.

 '물체가 빠르게 움직일수록 움직이는 물체의 시간은 느리게 흐른다.'

 아인슈타인은 기존에 계산하지 못한 현상을 시간이 유연하게 변화한다는 요소를 더해 방정식을 완성한 것입니다.

특수상대성이론에 중력을 추가한 '일반상대성이론'

특수상대성이론을 완성한 아인슈타인은 특수상대성이론에 중력을 도입하는 것이 가능하다는 사실을 깨닫습니다. 중력을 제외해야 성립하는 특수상대성이론에 아인슈타인은 어떻게 중력을 도입한 걸까요? 결정적인 카드는 '등가 원리'였습니다. 등가 원리란 가속이나 감속 운동, 즉 가속계는 중력과 같다는 것입니다.

창문 하나 없이 완벽하게 폐쇄된 상자를 생각해 봅시다. 상자 안에 들어가 상자째로 하늘에서 낙하하면, 상자 안은 무중력 상태입니다. 상자 바깥에서 보면 상자가 떨어지고 있는 것을 알지만, 상자 안에 있는 사람은 무중력인지 떨어지고 있는지 구분할 수 없습니다. 즉, 자유낙하와 무중력은 같다는 것입니다.

네 가지 힘 중에서도 중력은 특수한 존재인데, 실제로 중력은 가속이나 감속을 구분할 수 없으므로 가속계와 같다고 생각할 수 있습니다. 그리고 이 등가 원리를 사용해 특수상대성이론에 중력을 도입함으로써 '일반상대성이론'이 완성된 것입니다.

중력이 강할수록 시간은 느려진다

복습해 보겠습니다. 빛은 고속으로 이동할 때와 마찬가지로 가속하고 있는 경우 적색편이가 발생합니다. 빛은 광속 불변의 원리에 따라 가속하고 있더라도 초속 30만km로 일정해야 합니다. 광속 불변의 원리를 지키려면 시간이 느리게 가야 합니다. 그리고 실제로 가속계의 경우 시간은 느리게 갑니다. 가속과 중력은 등가 원리에 따라 같은 힘이라고 생각할 수 있게 되었습니다. 즉, 중력이 강하면 강할수록 시간은 느려지는 것입니다.

실제로 GPS 위성은 지상보다 지구 중력의 작용이 약해지는 우주 공간에 있어서 지상의 원자시계보다 위성에 탑재된 원자시계는 1년당 0.01494초 빠르게 움직입니다. GPS 위성 시간의 오차를 합하면, 지구 주위를 고속으로 이동하면서 시간이 0.010949초 느려지고, 지상보다 중력이 약한 고고도에서는 시간이 0.01494초 빨라집니다. 중력의 영향과 이동 속도의 영향을 합하면 GPS 위성의 시간은 1년 동안 지상보다 0.004초 정도 빠르게 움직이고 있습니다. 아인슈타인은 가속과 중력은 같은 것이라는 등가 원리를 사용해 중력을 특수상대성이론에 도입한 일반상대성이론을 완성했습니다.

일반상대성이론으로 수성의 수수께끼가 풀리다

일반상대성이론이 완성되면서 만유인력의 법칙에서 문제가 되었던 수성 궤도의 불일치가 해결되었습니다.

수성은 태양에 가까워서 중력퍼텐셜이 커집니다. 중력의 중심에 가깝고 중력의 영향이 강한 곳에 존재하다 보니, 강력한 중력을 거스르기 위해 공전 속도도 빨라집니다. 태양의 강력한 중력의 영향으로 시공간이 뒤틀린 데다, 수성 스스로 고속으로 이동하기 때문에 만유인력의 계산이 어긋났던 것입니다. 그리고 만유인력으로 계산하지 못했던 수성의 궤도를 일반상대성이론으로 계산했더니 관측 결과와 계산 결과가 정확히 일치했습니다. 수성의 근일점 이동을 해결한 순간이었습니다. 아인슈타인은 기존의 물리 법칙에 공간과 시간을 도입함으로써 최대의 공적을 남겼습니다.

일반상대성이론으로도 풀리지 않는 물질

일반상대성이론이 자리를 잡으면서 빛이 중력에 의해 휘어지는 원리도 쉽게 이해할 수 있게 되었습니다. 원래 빛에는 질량이 없어서 중력이 작용하지 않습니다. 하지만 실제로 빛은 중력에 의해 휘어집니다. 빛은 공간을 직진할 수밖에 없는데, 시공간은 질량에 의해 뒤틀리고 빛은 뒤틀린 시공간을 따라 똑바로 직진하기 때문에 휘어져서 관측되는 것입니다.

그런데 완벽하리라 믿었던 일반상대성이론도 이론이 개발되고 몇 년이 지나자 약점이 밝혀졌습니다. 그 원인은 바로 블랙홀입니다. 일반상대성이론으로 블랙홀을 계산하려 해도 블랙홀 중심의 중력이 무한이기 때문에 계산이 불가능합니다. 물리학에서 무한이란 '계산 불가능, 알 수 없음'을 뜻합니다. 블랙홀과 같은 극한의 영역은 일반상대성이론조차 계산 불가능, 예측 불가능한 곳이라는 사실이 드러났습니다.

아인슈타인의 최대 실수

현대물리학에 지대한 공적을 남긴 아인슈타인. 그런 그도 큰 오류를 범했습니다. 그 원인은 '우주상수'입니다.

아인슈타인이 도출한 방정식의 경우, 우주가 팽창하거나 수축하는 등 우주의 크기가 변화합니다. 하지만 '우주는 불변하고 정적인 것'으로 믿었던 아인슈타인은 우주가 움직이지 않도록 방정식에 우주상수를 추가했습니다. 하지만 나중에 미국의 천문학자 에드윈 허블이 우주의 팽창을 발견하면서 아인슈타인의 우주상수는 틀렸다고 지적합니다. 참고로 허블의 지적을 받은 아인슈타인은 반론하지 않고 '생애 최대의 잘못이었다'라며 실수를 인정했습니다.

그런데 시간이 흐르고 오늘날 양자역학이 발달함에 따라 100년 이상 전에 등장했던 아인슈타인의 우주상수가 다시 주목받고 있습니다. 가속 팽창하는 우주와 양자역학에서 생각했을 때, 우주상수의 존재는 '왜 우주는 가속 팽창하고 있는가?', 그리고 '가속 팽창의 원인은 무엇인가?'라는 향후 주목되는 우주 과학의 발전에 커다란 역할을 할 것 같습니다. 과연 아인슈타인은 얼마나 먼 미래의 물리학까지 염두에 두었던 걸까요?

빛의 정체

눈부신 아침햇살에 눈을 떠서 따뜻한 햇볕 아래서 느긋하게 쉬고, 화려한 번화가에서 친구와 대화를 즐기는 일상. 우리는 항상 빛을 느끼고 빛을 사용하면서 살아가고 있습니다. 이러한 빛을 과학적인 관점에서 말하자면, 빛의 존재는 불가사의 그 자체입니다.

빛과 인류의 역사

빛의 원리 규명의 역사를 더듬어가다 보면 지금으로부터 2,500년 전으로 거슬러 올라갑니다. 눈으로 본다는 원리 자체에 의문을 품고 이 의문을 처음으로 밝혀내고자 했던 인물은 철학자 플라톤을 비롯한 그리스인들입니다. 그들이 생각한 눈으로 보는 행위, 그것은 눈에서 방출되는 작은 무언가가 정보를 모아서 인식한다는 것이었습니다. 그로부터 약 1,000년 정도 이 이론이 옳다고 믿었습니다. 그리고 서기

1000년 무렵 이집트의 이븐 알 하이삼은 이 이론에 이의를 제기합니다. 눈에서 나오는 작은 무언가로 정보를 모으는 원리로는 암흑을 설명할 수 없기 때문입니다. 눈에서 작은 것을 방출해 정보를 모으는 것이 아니라, 눈이 주위의 무언가를 느끼면서 우리가 볼 수 있다고 생각한 것입니다. 눈으로 느끼는 것의 정체, 그것이 바로 빛입니다.

빛의 정체는 입자?

빛은 우리 주위에 넘쳐나는 것 같습니다. 하지만 곰곰이 생각해 보면 스스로 빛을 내는 것은 매우 적습니다. 예를 들면 지구를 밝게 비춰주는 태양, 혹은 조명 기구 정도밖에 없습니다. 스스로 빛을 내는 것 이외에는 빛을 반사하고 그것을 눈으로 인식하고 있을 뿐입니다. 그렇다면 태양이나 조명에서 나오는 빛의 정체는 무엇일까요? 우리 가까이에 있고 2,500년이라는 오랜 기간 연구가 이어졌지만, 빛의 정체가 규명된 것은 약 300년 전의 일입니다.

1704년에 아이작 뉴턴은 빛에 관해 오랫동안 연구한 끝에 『광학(The Book of Opticks)』이라는 책을 발표합니다. 이 책에서 뉴턴은 '빛은 이산입자Discrete Particle'라고 결론지었습니다. 요컨대 빛의 정체는 원자와 같은 작은 입자라는 것입니다. 빛을 입자라고 생각하면 빛이 왜 똑바로 직진하는지, 또 빛이 왜 반사되거나 굴절되는지를 설명할 수 있습니다.

한편 빛이 입자라면 설명할 수 없는 현상도 있습니다. 예를 들어 양방향에서 온 빛이 중간에 교차하는 경우입니다. 만약 빛이 원자와 같은 입자라면, 입자끼리 부딪쳐 여러 방향으로 날아가야 합니다. 하지만 실제로는 양방향으로부터 온 빛은 전혀 상호작용하지 않고 똑바로 직진합니다. 또 두 개의 광원이 가까워졌을 때 빛이 서로 간섭하는 간섭무늬를 관찰할 수 있는데, 물리학에서 간섭한다는 것은 그 정체가

간섭무늬 (사진제공:AFLO)

파동이어야 합니다. 왜냐하면 간섭은 두 개 이상의 파동이 중첩될 때 파동이 증폭되거나 감쇠되기 때문입니다.

1690년에 네덜란드의 물리학자 하위헌스는 『빛에 관한 논고Treatise on Light』를 통해 빛의 파동성을 주장했습니다. 이후로도 여러 학자가 빛의 파동성을 실험과 이론으로 설명했습니다. 이 결과들로부터 빛은 입자가 아닌 파동이라는 생각이 확산되었고, 이것이 바로 '빛의 파동설'입니다.

빛의 정체는 파동?

빛의 파동설은 빛을 입자라고 가정했을 때 해결하지 못했던 문제를 해결했습니다. 그래서 빛은 파동이라는 의견이 우세해진 것입니다. 이 무렵부터 빛의 정체가 잇달아 분명해지기 시작합니다.

우리가 눈으로 보는 빛의 정체는 사실 전자기파라는 사실이 밝혀졌고, 전자기파 중에서도 극히 일부인 우리 눈이 감지할 수 있는 주파수의 전자기파가 이른바 빛이라는 사실을 알게 되었습니다. 감마선이나 X선이라고 하면 매우 위험하고 특수한 방사선 같은 이미지를 갖습니다. 하지만 감마선과

X선을 한마디로 말하면 단순한 전자기파입니다. 마이크로파, 적외선, 전파. 이것들도 모두 같은 전자기파이며 그 정체는 파동입니다. 파동의 간격, 즉 주파수의 차이로 이름을 붙여 분류하고 있는 것에 불과합니다.

태양을 예로 들어 살펴보겠습니다. 태양이 방출하는 모든 에너지의 99%는 중성미자, 나머지 1%는 전자기파입니다. 태양에서 나오는 전자기파는 파장이 짧은 것과 긴 것 등 여러 가지인데, 굳이 이름을 꼽자면 X선과 자외선, 가시광선, 적외선입니다. 태양에서 오는 전자기파 중, 파장이 짧은 자외선은 물질과 쉽게 상호작용합니다. 그래서 지구의 대기에서 확산되어 지표면에 닿는 양은 극히 일부입니다. 지표면에 닿은 극소량의 자외선은 물질과 상호작용하기 쉬운 특징 때문에 피부 표면에 작용해 일광화상을 일으킵니다. 눈에 도달한 자외선은 눈의 수정체와 상호작용해 악영향을 일으키지만, 망막까지는 거의 닿지 않습니다. 즉 자외선을 볼 수는 없다는 뜻입니다.

반면, 태양에서 오는 전자기파 중에서 파장이 긴 적외선이나 마이크로파는 물질과 잘 상호작용하지 않으므로 대기를 빠져나와 우리에게 직접 닿습니다. 그리고 적외선은 피부의 조금 안쪽까지 도달해 열을 발생시킵니다. 이것이 '태양의 따뜻함'의 정체입니다. 마찬가지로 눈에 도달한 적외선은 수정체는 물론 전자기파를 감지하는 망막을 빠져나오기 때문에 볼 수 없습니다(자외선은 수정체에서 흡수되고, 적외선은 망막을 그대로 통과합니다).

한편, 자외선과 적외선의 정확히 사이에 있는 주파수대의 전자기파가 바로 가시광선입니다. 가시광선은 수정체를 통과해 망막에 도달하고 망막 표면과 상호작용합니다. 가시광선이 망막과 상호작용함으로써 우리는 태양의 빛을 반사한 아름다운 풍경, 그리고 가족과 친구들을 인식할 수 있습니다. 이처럼 빛의 정체를 파동이라고 생각하면 많은 수수께끼가 해결됩니다.

이 밖에 1880년대 물리학자들이 빛의 파동을 실험으로 확인해, 빛은 파동이라는 것이 확정되었습니다. 그런데 여기서 커다란 문제가 발생합니다. 바로 빛의 '광전효과'입니다.

광전효과란 물질에 빛을 쏘았을 때 전자가 튀어나오거나 전류가 흐르는 현상입니다. 이제까지 옳다고 여겨졌던 빛의 파동설로 광전효과를 설명해 보겠습니다. 빛을 금속에 쏘면 파동이 금속 내의 전자를 심하게 흔들고, 한계를 넘었을 때 전자가 튀어나온다는 설명이 가능합니다. 만약 이 설명이 옳다면, 빛의 강도(진폭의 크기=빛의 세기, 밝기)가 높으면 높을수록 튀어나오는 전자가 갖는 운동에너지는 커야 합니다. 하지만 실험 결과 아무리 강한 빛을 쏴도 튀어나오는 전자의 운동에너지는 똑같았습니다. 결국 빛이 파동일 경우 광전효과의 실험 결과를 설명할 수 없다는 사실이 밝혀진 것입니다.

빛의 정체를 밝혀내고자 인류가 생각했던 두 가지 이론(입자와 파동)으로는 광전효과를 설명할 수 없었습니다. 빛은 원자와 같은 입자도 아니고 파동도 아니었습니다. 연구하면 할수록 '빛의 수수께끼'는 깊어져만 갔습니다.

빛의 정체는 입자이자 파동이었다

1905년에 아인슈타인은 빛에 관한 새로운 생각을 발표합니다. 바로 '광양자 가설'입니다. 빛을 기존의 물리학으로 생각하는 것이 아니라, 복사 자체가 에너지 양자로 구성되어 있다고 생각한 것입니다. 그리고 빛의 정체는 '에너지를 가진 입자'라는 광양자 가설을 발표했습니다. 이 가설을 한 마디로 설명하자면 빛은 입자이자 파동인 이중성, 혹은 혼합 상태라는 개념입니다. 매우 참신한 설이었는데, 많은 물리학자가 검증을 진행해서 광양자 가설이 발표된 지 11년 후에야 그 옳음이 증명되었습니다.

　참고로 광양자 가설을 발표한 해에 아인슈타인은 특수상대성이론도 발표했습니다. 그리고 '브라운 운동 이론(액체나 기체 안을 부유하는 미립자가 불규칙적으로 움직이는 원인을 열운동하는 매질의 불규칙한 충돌로 설명하는 이론)'도 발표했습니다. 그래서 1905년은 '기적의 해'라고도 불립니다. 아인슈타인은 지대한 공적을 인정받고 이후 광양자 가설로 노벨상을 수상했습니다. 앞에서 소개했던 일반상대성이론은 당시 물리학으로는 검증할 수 없었기 때문에 노벨상 후보로 검토조차 되지 못할 만큼 혁신적인 이론이었습니다.

빛의 이름은 '광자'

1926년, 빛 입자의 이름이 '광자'로 결정되었습니다. 불과 1년 후에 학회에서는 광자라는 단어를 당연한 듯이 사용하게 되었습니다. 그리고 같은 해에 빛은 입자와 파동의 혼합 상태인 양자라는 개념이 일반적으로 널리 받아들여집니다.

　'빛의 정체는 원자와 같은 입자일까, 아니면 파동일까?'

　200년 가까이 이어진 이 빛에 관한 규명은 아인슈타인의

소립자와 계층구조

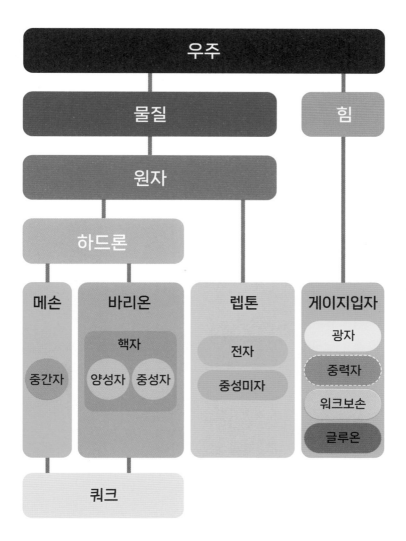

발표로 급전개되어 빛의 정체는 광자라는 결론에 이릅니다.

빛의 정체를 정리해 보겠습니다. 현대물리학에서는 대부분 단 두 가지 이론만 가지고 세상의 온갖 현상을 설명할 수 있습니다. 하나는 일반상대성이론, 다른 하나는 표준모형입니다. 일반상대성이론은 기존의 전자기학적 현상 및 역학적 현상, 그리고 중력을 하나의 공식으로 정리했습니다. 표준모형은 이 세상의 최소 단위를 크기가 없는 '점'으로 하기로 정함으로써 소립자의 이론적 계산을 가능케 했습니다. 빛의 정체는 표준모형으로 설명됩니다.

표준모형의 소립자는 크게 두 종류가 있습니다. 물질을 구성하는 입자와 소립자 사이의 힘을 매개하거나 질량을 부여하는 입자입니다. 빛은 소립자의 하나인 광자이며, 힘을 매개하는 '게이지입자'로 분류할 수 있습니다. 매개하는 힘의 종류는 전자기력이며, 그러한 광자가 우리 세계를 밝게 비춰주고 있습니다.

보이는 것만 믿는 사람이 적잖이 존재합니다. 보이는 것이 사실이고, 보이지 않는 것은 사실이 아니라고 합니다. 빛의 정체를 추적했던 인류가 빛의 정체를 밝혀내는 데 걸린 시간은 200년입니다. 오랜 시간 많은 전문가가 잘못된 이론으로 빛의 정체를 밝혀내려고 했습니다. 보이지 않는 것을 보기 위해서는 막대한 노력과 시간이 필요합니다. 이것은 과학뿐만 아니라 우리 일상에서도 마찬가지입니다. 보이지 않는 미래에 관심을 갖고 미래의 모습을 상상하며, 그것을 실현하기 위해 노력을 계속해야 비로소 밝게 빛나는 미래에 자신의 정체를 밝혀줄 것입니다.

우주의 최소 단위, 중성미자

중성미자는 다른 물질과 거의 상호작용하지 않는 불가사의한 소립자입니다. 우주에 대량으로 존재하는데도 검출하기가 어렵습니다. 한편으로는 우주 과학 발전에 깊게 연관되어, 앞으로 더 주목받게 될 존재이기도 합니다.

'우주 최소 단위' 발견의 역사

미시적 영역의 연구가 진행되어 원자에 관한 이해가 깊어진 1800년대 후반 무렵, 우주의 최소 단위는 원자였습니다. 당시에는 원자가 100종류 이상 존재하고 배합 균형에 따라 이 세상 모든 것을 만든다고 여겼습니다. 수소 원자가 두 개 결합하면 '수소'가, 수소 원자 두 개와 산소 원자 한 개가 결합하면 '물'이 됩니다. 이것들을 '분자'라고 합니다. 그런데 1900년대에 들어서자, 전 세계의 물리학자들은 정말로 원자가 이 우주에서 가장 작은 물질인지 의문을 품습니다.

'원자는 정말 더 이상 분해할 수 없을까?'

연구자들은 원자가 '원자핵'과 그 주위를 도는 '전자'로 구성되어 있다는 사실을 알게 되었습니다. 그리고 원자핵은 다시 양성자와 중성자라는 작은 입자로 구성되어 있습니다. 연구자들은 다시 의문을 품습니다. '양성자와 중성자가 이 우주의 최소 단위일까?' 하고 말입니다. 그래서 양성자와 중성자의 내부를 알아보기 위해 양성자나 중성자끼리 충돌시켜 파괴하고, 안에서 나온 입자를 알아보는 실험을 진행합니다. 그리고 예상대로 더 작은 입자를 관측하는 데 성공합니다. 이 작은 입자가 바로 '소립자'입니다. 소립자는 더 이상 나눌 수도, 파괴할 수도 없습니다. 즉, 현재 기준으로 우주의 최소 단위는 소립자입니다.

소립자는 크게 두 종류로 분류할 수 있습니다. 하나는 물질을 구성하는 소립자입니다. 이름은 '쿼크'와 '렙톤(전자와 중성미자의 총칭)'입니다. 다른 하나는 소립자 사이에서 힘을 매개하거나 소립자에 질량을 부여하는 소립자입니다. '게이지입자'와 '힉스입자'입니다. 예를 들어 수소를 보겠습니다. 수소 분자를 확대해 보면 두 개의 수소 원자가 달라붙어 있습니다. 더 확대해 보면 수소 원자는 전자와 양성자로 되어 있습니다. 양성자의 내부를 살펴보니 양성자 안에는 더 작은 세 개의 입자 '쿼크'와 쿼크를 연결해 주는 다른 종류의 작은 입자 '글루온'도 세 개가 있다는 사실이 밝혀졌습니다. 이처럼 우주를 점점 확대해서 미시적 영역을 살펴보니, 작은 소립자가 상호작용해 여러 물질을 구성하고 있다는 사실이 밝혀졌습니다.

중성미자를 알기 위한 'α붕괴'와 'β붕괴'

그렇다면 앞서 소개한 중성미자란 대체 무엇일까요? 중성미자의 발견에는 'α붕괴'와 'β붕괴'가 깊이 관련되어 있습니다. 이름은 어려운 것 같아도 이해하기는 쉽습니다.

우라늄 등 일부 불안정한 원자는 더 안정한 원자로 변화(우라늄 238은 α입자를 방출하고 트리튬으로 변화)하려고 합니다. 안정된 원자로 변화하기 위해 여분의 양성자 두 개, 중성자 두 개가 달라붙은 입자를 힘차게 방출합니다. 이 입자가 α입자이며, α입자가 고속으로 이동하는 것이 방사선 중 하나인 α선입니다. 요컨대 불안정한 커다란 원자는 작은 α입자를 방출해 안정하게 변화합니다. 이 현상은 커다란 한 개의 원자를 두 개로 분할하고 있으니, 방출된 두 입자의 무게를 합하면 분할 전 한 개의 커다란 입자와 무게가 같아야 합니다. 그런데 방출된 두 입자의 무게를 더해도 원래의 커다란 입자의 무게보다 작습니다. 왜일까요?

커다란 원자에서 나온 작은 입자인 α입자는 초고속으로 이동하는 운동에너지를 갖고 있습니다. 아인슈타인의 특수상대성이론에 따라 질량과 에너지는 등가라는 것이 이미 증명되었습니다. 즉, 질량은 에너지입니다. 따라서 α입자의 질량, 그리고 α입자의 방출이 끝난 커다란 원자의 질량, 그리고 α입자가 가진 에너지를 질량 환산해서 합계를 내면 원래의 크고 불안정한 입자와 무게가 같습니다.

α붕괴와 β붕괴

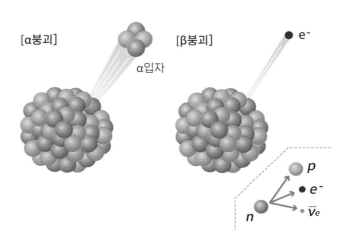

그렇다면 β붕괴는 어떨까요? 중성자(n)가 양성자(p)로 변화할 때 전자(e-)가 방출됩니다. 이 전자를 β선이라고 합니다. 앞서 살펴본 것과 같이 중성자가 양성자와 전자로 붕괴한다면, 양성자와 전자 에너지의 합계를 내었을 때 중성자의 질량과 같아야 합니다. 하지만 아무리 정밀하게 측정해 양성자와 전자의 에너지를 합친다 해도 중성자가 가진 에너지보다 작아지고 맙니다. 이 수수께끼의 질량 감소가 물리학에 혼란을 일으킵니다. 과연 질량은 어디로 사라진 걸까요?

연구자들은 사라진 질량의 정체가 '미발견입자'라는 가설을 발표합니다. 그리고 다양한 실험을 진행하면서 중성자가 붕괴할 때 양성자와 전자, 그리고 다른 입자인 중성미자(υ)가 방출되는 것을 발견합니다. 즉, β붕괴로 사라져버리는 질량의 정체가 바로 중성미자인 셈입니다.

중성미자는 우주 과학에 어떻게 이바지할까

중성미자는 쿼크와 마찬가지로 물질을 구성하는 소립자 중하나입니다. 중성미자는 소립자 중에서도 가장 무게가 가볍습니다. 전자 무게의 수백만분의 1 정도밖에 되지 않습니다.

그리고 다른 소립자와 달리 자기장의 영향을 전혀 받지 않으며 모든 물질을 투과할 수 있습니다. 이러한 중성미자는 앞으로의 우주 과학 발전에 커다란 역할을 합니다. 그중 하나가 초신성 폭발을 관측하는 것입니다.

밤하늘에 밝게 빛나는 항성은 수소가 모여 둥글고 뜨겁게 타오르고 있습니다. 별의 중심에서는 수소끼리 융합해 막대한 에너지를 만들어냅니다. 그런데 오랫동안 안정적으로 빛나는 항성도 수명은 영원하지 않습니다. 특히 대질량 별의 경우 연료가 줄어 다 타오르고 나면, 별은 단숨에 쪼그라들고 중심에서 반발이 일어나 강렬한 폭발을 일으킵니다. 이 현상이 바로 '초신성 폭발'입니다. 현재 우리가 이론상 관측 가능한 우주를 보면 1초에 1회 정도의 초신성 폭발이 발생한다고 알려져 있습니다. 이만큼이나 자주 발생한다는데도 인류는 아직 초신성 폭발의 순간을 본 적이 없습니다. 초고성능 망원경 등 최첨단 관측 기술을 사용해도 말입니다. 관측할 수 있는 것은 이미 폭발의 충격으로 물질이 흩어진 잔해뿐입니다.

초신성 폭발의 순간은 왜 관측할 수 없는 걸까요? 최신 망원경으로 관측할 수 있는 밤하늘의 별의 개수는 3,000억 개로 알려져 있습니다. 3,000억 개는 너무 많아 실감이 나지 않는데, 하늘에 손을 뻗었을 때 집게손가락에 가려지는 범위에 있는 별만 해도 수억 개입니다. 하룻밤에 몇십, 몇백 개의 별이 폭발한다 해도 그 순간에 폭발하고 있는 별을 관측하기란 어렵습니다. 더 알기 쉬운 예를 들자면, 휘발유를 운반하는 거대한 유조차 세 대에 들어 있는 모래를 모두 지면에 쏟아내고 그 모래 안에 언제 켜질지 모르는 LED를 하나만 섞어 둡니다. 그 상황 속에서 빛나는 LED를 처음부터 끝까지 제대로 관찰하는 것과 같습니다.

그렇다면 어떻게 해야 초신성 폭발의 순간을 포착할 수 있을까요? 한 가지 아이디어는 초신성 폭발 직전의 별을 발견해 계속 관찰하는 것입니다. 단서는 별의 팽창입니다. 별은 폭발하기 직전에 수십 배~수백 배 크기로 비대해집니다. 무수히 많은 별 중에서 비정상적으로 팽창하는 별을 계속 관찰하면 폭발하는 순간을 볼 수 있습니다. 하지만 우주 규모에서 말하는 초신성 폭발의 '직전'이란 수천 년에서 수만 년입니다. 즉, 인류에게 현실적인 아이디어는 아닙니다.

또 하나의 아이디어가 부상합니다. 폭발 순간에 방출되는 '무언가'를 미리 감지할 수 있다면 망원경으로 초신성 폭발을 관측할 수 있을 것입니다. 우주를 관찰할 때 사용하는 전자기파(가시광선, X선, 감마선)보다 빠르게 지구에 도달하는 무언가를 포착해서 그 방향으로 망원경을 돌려 관측하는 것입니다. 하지만 우리 우주에서 빛의 속도를 뛰어넘는 것은 존재하지 않습니다. 따라서 초신성 폭발을 미리 감지하는 것은 불가능하다는 뜻이 됩니다.

질량이 있는데 왜 빛보다 빠를까

그런데 폭발 순간에 빛보다 빠르게 지구에 닿는 입자가 존재합니다. 바로 중성미자입니다. 우주에서 가장 빠른 빛보다 빠르게 움직이는 것은 없을 텐데, 왜 중성미자가 먼저 지구에 도달하는 걸까요? 중성미자는 극한으로 가벼운 입자이지만 질량은 존재하므로, 원래는 빛이나 전자기파의 속도를 뛰어넘는 일은 없습니다. 그런데도 지구에 빠르게 도달합니다. 그리고 중성미자가 갖는 최대의 특징은 다른 물질과 거의 상호작용하지 않는다는 점입니다.

다시 초신성 폭발을 살펴봅시다. 별은 핵을 향해 단번에 쪼그라들고, 핵에서 반발해 나온 충격파가 별을 날려버립니다. 이때 폭발 에너지의 1%를 전자기파로, 나머지 99%를 중성미자로 동시에 방출합니다. 초신성 폭발은 폭발이라고는 해도 규모가 항성 크기로 매우 크기 때문에 거시적으로 보면 천천히 시간을 들여 반응합니다. 이것이 어느 정도의 시간인가 하면, 별의 중심에서 발생한 전자기파가 별의 바깥으로 에너지로서 방출되기까지 수 시간에서 수일이 필요합니다. 전자기파는 별의 물질과 상호작용하기 때문에 방출까지 시간이 걸리는 것입니다. 반면에 중성미자는 다른 물질과 거의 상호작용하지 않습니다. 빛이 다양한 물질과 상호작용하고 있는 사이에 중성미자는 물질에 방해받지 않고 곧장 별의 바깥쪽으로 방출됩니다. 즉, 초신성 폭발은 대량의 중성미자가 방출된 수 시간에서 수일 후가 되어서야 겨우 강렬한 가시광선과 X선, 감마선이 방출됩니다. 초신성 폭발을 망원경으로 관찰하려면, 지구로 오는 대량의 중성미자를 관측해 방출되는 장소를 특정합니다. 그리고 수 시간에서 수일 후에 초신성 폭발의 순간을 관측할 수 있습니다.

관측하기 위한 관건은 '물'

여기까지 오면 초신성 폭발의 순간은 쉽게 관측할 수 있을 것 같지만, 아직 커다란 문제가 남아 있습니다. 바로 중성미

슈퍼 가미오칸데(사진: 모리타 히로미 / AFLO)

자의 관측 방법입니다.

우리는 물체를 관찰할 때 전자기파를 사용합니다. 전자기파가 물체에 닿아 반사된 전자기파를 관측해 관찰이 가능한 것입니다. 그런데 중성미자는 다른 물질과 거의 상호작용하지 않아서 전자기파조차 접촉할 수 없습니다. 관측이 너무나 어렵습니다. 그래서 순도 높은 물을 사용해야 합니다. 중성미자는 다른 물질과 거의 상호작용하지 않지만, 아예 상호작용하지 않는 것은 아닙니다. 드물게 물 분자와 충돌해 전하를 띤 입자를 발생시킵니다. 전하를 띤 입자는 빛을 발생시키는데, 이 빛을 관찰하면 중성미자의 관측이 가능합니다.

중성미자 관측으로 유명한 장치가 도쿄대학 우주선연구소가 운용하는 '슈퍼 가미오칸데'입니다. 지름 40m, 깊이 40m의 거대한 수영장을 순수한 물로 채워 중성미자가 물 분자와 충돌하기를 끈기 있게 기다리고 있습니다. 그리고 세계 최대의 중성미자 관측소가 남극에 설치된 '아이스큐브 중성미자 관측소'입니다. 남극에서는 오랫동안 눈이 내려 쌓이고 압축되어 얼음이 됩니다. 이 얼음은 세계에서 가장 순도가 높은 순수한 덩어리입니다. 1km × 1km × 1km 크기의 얼음에 센서를 심어 놓고, 초고에너지의 중성미자가 물과 상호작용할 때 발생시키는 작은 빛을 계속 관측하고 있습니다. 이렇게나 거대한 얼음이지만, 거의 모든 중성미자는 대부분 상호작용하지 않고 빠져나가 버립니다. 1년 동안 계속 관측했을 때 중성미자가 하나의 물 분자에 충돌하는 횟수는 10회 정도입니다. 매우 희귀한 현상으로, 충돌을 일으킨 중성미자 하나하나에 별칭이 붙을 정도입니다.

현재 아이스큐브 관측소를 필두로 전 세계에 중성미자 관측 장치가 설치되어 있어, 검출 정보를 실시간으로 공유하고 있습니다. 고에너지의 중성미자를 검출한 경우, 곧장 그 방향을 산출해 전 세계의 관측 장치가 초신성 폭발의 모습을 포착하기 위해 일제히 그 방향을 노립니다. 이처럼 초신성 폭발의 순간을 포착하려는 시도는 진행되고 있어, 가까운 미래에 우리는 우주 최대의 폭발 순간을 볼 수 있을지도 모릅니다.

우주의 수수께끼를 규명하기 위해 우리는 밤하늘을 올려다보며 별의 위치를 관찰합니다. 고성능 렌즈 개발로 가시광선을 확대해 먼 우주를 관찰하는 기술을 손에 넣었고, 이후 X선 천문학이 발달하면서 가시광선보다 에너지가 높은 X선이나 감마선을 보는 것도 가능해져 모든 전자기파를 사용해 우주를 관찰하고 있습니다. 그리고 현재 우리는 전자기파 이외에도 중성미자와 다른 소립자, 중력파까지도 우주 관찰에 사용하기 시작했습니다. 우주를 보고 싶다는 단순한 호기심이 이처럼 새로운 이론과 발견을 만들어내고, 축적된 기술 혁신과 새로운 사고방식이 우리의 삶을 더욱 나은 방향으로 이끌고 있습니다.

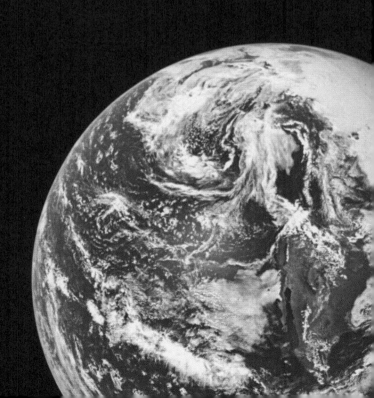

4장

지구와 인류

지구 탄생

'물의 행성'으로 불리는 지구. 풍부한 물과 대기가 있고 해로운 방사선을 막아주며 자기장의 장벽으로 보호되는, 우주에 있는 '우리의 집'입니다. 태양계에 있는 다른 행성과 비교해도 유일무이한 특징을 가진 이 행성은 어떻게 탄생했을까요?

시작은 '구름'

46억 년 전, 분자운에서 드라마는 시작됩니다. 분자운은 내부에서 팽창하려는 가스압과 수축하려는 중력이 균형을 이루어 구름 상태로 안정되어 있었습니다. 하지만 이 안정은 영원하지 않습니다. 가까이에서 초신성 폭발이 발생하거나 고속 입자가 부딪히면 그 안정성을 잃어버립니다. 분자운이 흔들리면서 가스압이 수축하려는 힘을 온전히 지지해내지 못하면 분자운의 수축이 시작됩니다. 분자운의 수축이 시작되면 중심부에 핵이 생기고 온도는 점차 상승합니다. 일반적으로 분자운의 핵은 가열되더라도 복사하여 점차 식어갑니다. 하지만 분자의 밀도가 높은 경우 전자기파가 우주 공간에 방출되지 않아 핵의 온도는 점점 상승합니다.

핵이 커질수록 핵의 중력은 강해지고 주위의 분자는 점점 핵으로 낙하합니다. 핵의 온도가 올라가고 에너지가 높아지면 이번에는 핵으로부터 바깥쪽을 향해 반발하는 에너지가 강해져 수축과 균형을 이루고 원시별이 탄생합니다. 이후 물

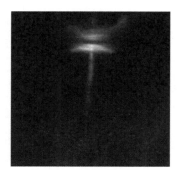

허빅-아로 천체(황소자리)

질이 낙하하는 에너지가 원시별을 중심으로 회전하는 에너지로 바뀌면서 원반형으로 회전을 시작합니다. 그리고 원시별의 양극에서 이온 제트가 방출되는데, 이것이 '허빅-아로 천체'이며, 원시별의 주위에 생긴 원반이 별주위원반입니다.

'별주위원반'의 모습

이 단계에서 드디어 지구가 만들어지기 시작합니다. 별주위원반에는 물을 포함한 다양한 입자가 떠다니고 있습니다. 태양에 가까운 입자는 온도가 높아지고 액체는 증발합니다. 반대로 태양에서 먼 입자는 액체가 얼어 있습니다.

물과 암모니아, 메탄이 고체로 존재하는지 기체로 존재하는지는 온도에 따라 다릅니다. 태양계에서 경계선은 약 -120℃입니다. 이 경계선을 '결빙선' 또는 '동결선'이라고 합니다. 결빙선의 안쪽 입자는 물과 암모니아, 메탄이 증발해 중심에서 바깥쪽으로 향하는 에너지에 의해 날아갑니다. 결빙선의 바깥쪽 입자는 물과 암모니아, 메탄을 포함한 상태입니다. 결빙선은 정확히 화성과 목성 사이에 있는, 지구형 행성과 목성형 행성을 나누는 경계입니다.

달의 탄생

별주위원반의 안쪽, 작은 암석이 떠도는 영역에서는 암석끼리 충돌해 점차 커다란 덩어리로 변화합니다. 태양이 핵융합을 시작할 무렵 화성 궤도보다 안쪽 영역에는 달과 비슷한 크기의 작은 원시 행성이 50개에서 100개 정도 생성되었고, 이 작은 행성끼리도 서로 충돌해 현재와 같은 거대한 행성이 형성되었습니다.

　원시 지구가 만들어졌을 당시에는 지구에 달이 존재하지 않았습니다. 지구의 궤도를 화성 크기의 행성 하나가 더 공

45억 5,000만 년 전, 지구와 화성 크기 행성의 충돌 상상도

전하고 있었는데, 점차 지구로 접근하다가 지금으로부터 45억 5,000만 년 전에 지구와 충돌합니다. 비스듬하게 충돌한 화성 크기의 행성은 산산조각 부서져 흩어졌고, 지구도 표면이 도려내져 가열되었습니다. 이 충돌로 인해 생긴 파편으로 달이 만들어졌고, 현재와 같이 지구와 그 주위를 도는 달의 모습이 되었습니다.

우주에서 온 물

지구 탄생 직후 표면이 새빨갛게 타던 무렵, 지구의 대기는 태양과 거의 비슷하게 수소와 헬륨으로 이루어져 있었습니다. 그런데 강력한 태양풍이 대기의 대부분을 날려버리고 우주 공간으로 방출시키면서 지구의 대기는 일시적으로 거의 사라집니다. 이후 표면 온도가 식어가고, 지각이 생기고, 화산 활동이 시작되고, 대량의 이산화탄소가 방출됩니다.

한편, 결빙선보다 바깥쪽에 있던 몇몇 소행성이 지구에 충돌해 대량의 물을 지구에 공급합니다. 지구가 더욱 식어가자 대기 중의 수증기가 구름을 만들어 비를 내립니다. 비는 바다를 만들고, 바다와 암석이 이산화탄소를 흡수해 대기압이 급속도로 떨어집니다.

　대량의 수증기로 만들어진 바다는 중금속이 녹아내리는 산성을 띠어 매우 유독하므로 생명이 탄생할 수 있는 환경은 아니었습니다. 그런 바닷물을 정화한 것이 바로 '판 구조론'입니다. 지구 내부의 맨틀이 대류하면서 일부가 판에 균열을 만들자 판이 밀려나고, 밀려난 만큼 판이 다른 곳으로 침강합니다. 바다에 포함된 중금속이나 육지에서 흘러들어와 바다의 산성을 중화하는 이산화탄소를 흡수한 암석이 해저에 쌓여 판의 침강과 함께 지구 내부에 갇히게 된 것입니다. 이렇게 해서 생명이 탄생할 수 있는 환경을 갖춘 바다가 만들어졌습니다.

여전히 수수께끼투성이인 '생명 탄생'

생명 탄생은 지금도 수수께끼에 싸여 있습니다. 생명 기원에 관한 설을 열거하자면 끝이 없고, 많은 후보가 전부 빗나갔을 가능성도 있습니다. 예를 들어 20세기에는 탄소 원자와 무기촉매의 작용을 통해 생물을 구성하는 분자를 만들 수 있다는 사실이 입증되었습니다. 생명을 구성하는 분자는 매우 복잡한 구조인데, 특정 조건을 갖추고 단순한 분자에서 복잡한 분자를 만들어내는 데 성공한 것입니다. 이 실험 환경과 비슷한 환경은 지구에 얼마든지 존재합니다. 화산의 온천이나 심해의 열수 분출공은 화학적인 반응을 촉진해 복잡한 분자를 형성합니다. 또 화산재의 성분인 폴리펩티드와 핵산이 기원이라는 설도 있습니다.

한편, 애초에 생명은 지구의 표면에서 탄생한 것이 아니라 지하 깊은 곳에서 탄생한 생명이 지표면으로 나왔다고 생각하는 과학자가 있는가 하면, 우라늄 등의 방사성 원소가 계기가 되어 생명이 탄생했다고 주장하는 연구자도 있습니다.

그 밖에 상식을 뒤집는 '범종설'도 있습니다. 애초에 생명은 지구에서 탄생한 것이 아니라, 우주에 있는 미생물인 포자가 퍼진 것이라는 이론입니다. 우주의 모든 천체에 미생물인 포자가 쏟아져 내렸는데, 때마침 지구가 포자가 자라나는 데 적합한 환경이었다는 것입니다. 범종설은 발표 당시에는 전혀 주목받지 못했습니다. 하지만 2000년대에 들어서자 전 세계의 과학자가 관심을 보였고, 다양한 방면으로 연구 중입니다. 실제로 일본에서도 바람을 타고 퍼지는 민들레 씨앗에 빗댄 '탄포포 미션(민들레 임무)'을 입안했습니다. 2015년 5월부터 국제우주정거장 키보 실험동에 설치된 선외 실험 플랫

폼에서 우주 공간에 존재하는 미립자(암석) 등을 채취해 미생물 검출을 시도하고 있습니다.

지구의 변화와 생명의 진화

현재 지구의 생명 탄생은 열수 분출공이 기원이라는 것이 하나의 유력한 설입니다. 열수 분출공에서 탄생한 생명은 열에서 만들어진 에너지를 사용하고 탄생한 장소 주변에서만 살았습니다. 그런데 돌연변이가 탄생하자 태양광을 사용하는 생명으로 진화했고, 이로써 생명의 서식 영역은 태양광이 닿는 바다 전역으로 넓어졌습니다.

생명의 진화는 유전자로 결정되고, 유전자는 환경 변화에 따라 구조가 크게 바뀝니다. 생명이 탄생해 현재에 이르기까지 이런 주기가 몇 번이나 반복되었습니다. 하나의 가설로 예를 들어보겠습니다.

지금으로부터 22억 년 쯤 전에 우리은하(우리가 사는 태양계가 포함된 은하. '은하수'라고도 함_옮긴이)와 소형 은하의 충돌이 발생합니다. 이 충돌로 대량의 거대한 별이 단번에 생겨났으며, 거대하고 수명이 짧은 항성은 초신성 폭발을 일으킵니다. 초신성 폭발로 발생한 강렬한 전자기파는 지구에 쏟아져 내려, 대기를 변화시키고 구름을 만들어 지구 전체가 얼어붙습니다. 이로 인해 거의 모든 생명체가 멸종했습니다. 하지만 생명의 강인함은 상상 이상입니다. 두꺼운 얼음으로 뒤덮인 바다 아래에서는 살아남은 생명이 다음 진화의 준비를 시작하고 있었습니다.

지구가 다시 따뜻해지자 살아남은 생명이 진화를 시작해, 지구는 다시 생명으로 넘쳐납니다. 판의 이동으로 대륙의 형태는 끊임없이 변화하고, 대륙으로부터 대량의 영양분이 바다로 흘러듭니다. 그때까지(약 5.5억 년 전) 몸의 형태가 부드러운 생명만 존재했던 바다에 칼슘이 증가합니다. 그러자 조개처럼 표면에 딱딱한 골격을 가진 생명이 탄생하기 시작했고, 이후 현재도 볼 수 있는 다종다양한 생명이 서서히 탄생하게 되었습니다. 척추를 가진 물고기가 탄생하고, 그것들이 진화해서 육지로 올라오자 육지는 곤충과 파충류로 채워집니다. 뭍으로 올라온 생명은 계속 진화하다가 지금으로부터 2억 2,500만 년 전 공룡의 시대가 도래합니다. 공룡이 멸종한 시기는 6,500만 년 전입니다. 공룡의 시대는 약 1억 6,000만 년 이어졌습니다. 인류 탄생부터 현재까지는 약 300만~400만 년입니다. 인류와는 비교도 되지 않을 만큼 오랜 세월 동안 공룡은 지구를 지배하고 있었습니다.

이처럼 지구 환경이 극적으로 변화할 때 생명이 진화한 것을 보면, 생명의 진화는 외부 환경이 크게 영향을 미쳤다는 사실을 알 수 있습니다.

우리은하에는 지구와 거의 비슷한 환경의 행성이 3억 개 이상 있습니다. 상상해 보세요. 천 원 지폐를 1원 동전으로 바꾸면 천 개입니다. 만 원 지폐를 1원 동전으로 바꾸면 만 개입니다. 이렇게만 해도 충분히 많은데, 이런 주머니가 3만 개 있습니다. 1원짜리 동전 1만 개가 들어 있는 주머니 3만 개의 숫자만큼, 지구와 거의 비슷한 환경의 행성이 우리은하에 존재한다는 것입니다. 이렇게 본다면 우주에 지구 이외에는 생명이 존재하지 않는다는 쪽이 더 이상합니다.

지구에서 우주로 살짝 도약하는 정도의 기술을 가진 우리에게 우리은하는 아직 한참 광활합니다. 하지만 기술의 진보가 기하급수적으로 발달해 지구가 좁아진 것과 마찬가지로, 태양계도 우리에게 좀 더 친숙한 존재가 되었습니다. 인류가 지구 외 생명체의 흔적을 발견할 미래는 그리 멀지 않은 것 같습니다.

인류 탄생

포근한 침대에서 눈을 떠, 이른 아침 전철을 타고 직장으로 출근합니다. 퇴근 후 집에서 가족과 함께 식사를 하거나, 소고기덮밥을 곱빼기로 주문해 혼밥을 즐깁니다. 마음만 먹으면 지구 뒤편도 언제든 비행기로 이동할 수 있고, 그 이상으로 우주를 향해 도약하려는 것이 현대 인류의 모습입니다.

과학과 기술이 급속도로 발달한 것은 약 50년 전으로, 최근입니다. 인류는 역사의 대부분을 사냥을 하거나 작은 마을에서 농경과 목축을 하면서 생활했습니다. 그렇다면 인류는 어떻게 진화를 계속해 왔던 걸까요?

생명은 '누가' 만들었나

지금으로부터 36~38억 년 전, 지구에 생명이 탄생합니다. 생명의 모습은 지금과는 매우 다르게 단세포 생물 혹은 세균 등 작은 존재였습니다. 이러한 생명들의 탄생에 관한 가설에는 여러 가지가 있습니다. 화학적으로 생명을 구성하는 물질이 만들어졌다는 설부터, 신이 생명을 창조했다는 설까지 다양합니다.

1953년, 시카고대학의 해럴드 유리Harold Urey 실험실 소속이었던 스탠리 밀러는 당시 원시 지구의 대기를 조성한 것으로 추정되는 원자를 유리관에 넣고 수증기를 순환시켰습니다. 그리고 수증기와 대기가 섞인 부분에서 방전, 즉 원시 지구에서 발생했던 번개를 재현하자 아미노산이 생성된다는 사실을 알게 되었습니다. 아미노산은 생명 탄생의 필수 물질이므로 이 실험은 생명 탄생의 수수께끼를 구체적으로 보여준 실험 중 하나로 유명합니다. 단순한 구조를 가진 분자로부터 복잡한 구조를 가진 아미노산을 만들어낸 이 실험은 생명 탄생의 사고방식에 커다란 영향을 주었습니다. 하지만 이후의 연구에서 원시 지구의 대기를 구성하는 성분이 가정했던 것과 다르다는 것이 밝혀져, 이 사고방식은 부정되었습니다.

이처럼 생명 탄생에 관한 실험은 지극히 제한적인 조건이 필요합니다. 설령 실험이 성공했다고 해도 전제 조건이 달라지면 생명 탄생을 설명할 수 없습니다. 다양한 가능성을 생각해 온 인류지만, 현재로서는 생명 탄생의 대부분은 여전히 수수께끼에 싸여 있습니다.

생명의 진화(포유류)

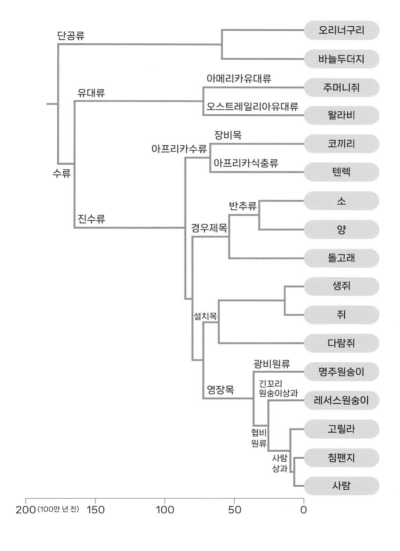

물론 밝혀진 사실도 있습니다. 초기의 생명은 단순했다는 사실입니다. 생명은 진화 과정에서 더 복잡해졌고, 반대로 과거를 거슬러 올라가면 세균이나 단세포 등 더 단순한 모습이었습니다. 그렇다면 단순한 생명에서 복잡한 인류가 탄생한 것은 언제였을까요?

눈에 보이지 않는 세포는 어떻게 진화했을까

36~38억 년 전에 탄생했던 단순한 생물은 진화를 계속해 나갔습니다. 이때의 생물은 탄생하고 나서 약 30억 년 동안 인간의 눈으로는 보이지 않는 작은 세포에 불과했습니다. 즉, 당시 풍경은 언뜻 보면 바다와 암석밖에 없는 상태입니다.

지금으로부터 약 6억 년 전 동물이 탄생합니다. 작은 해파리 같은 동물은 점차 물고기와 같은 복잡한 모습으로 진화하고, 육지에 적응한 생명은 곤충과 파충류로 진화합니다. 그리고 지금으로부터 2억 년 정도 전에 포유류가 탄생합니다.

그렇다면 공룡의 시대는 어떨까요? 생명이 공룡으로 존재했던 시간은 매우 깁니다. 공룡 탄생은 2억 2,500만 년 전이고, 운석 충돌로 멸종한 것은 6,500만 년 전입니다. 약 1억

6,000만 년이라는 오랜 기간, 그야말로 생명의 정점에 군림하며 지구를 지배했습니다. 그러던 어느 날 지름 10km 정도의 운석이 지구에 충돌해 그 충격으로 열과 화재가 발생했고, 휘말려 올라간 먼지가 태양광을 차단해 지구의 기온이 떨어져 공룡이 멸종합니다.

이후 포유류의 시대가 찾아옵니다. 쥐와 같은 모습에서 팔다리가 발달한 동물이 영장류로 변화를 계속합니다. 양옆에 달려 있던 눈이 얼굴 정면으로 이동해 사물을 입체적으로 식별하게 되었고, 손톱을 걸어 나무에 오르는 대신 다섯 개의 손가락으로 나무를 오를 수 있게 되어 나무 위에서 자유롭게 생활하기 시작합니다.

사람과 침팬지의 갈림길

지금으로부터 700만 년 전, 인류에게 커다란 분기점이 찾아옵니다. 바로 사람아족과 침팬지아족의 분기입니다. 이것이 인류에게는 가장 직전에 일어났던 생명 진화의 분기점입니다. 실제로 사람과 침팬지의 DNA는 98.4% 동일해, 같은 종류에서 분기했다는 사실을 알 수 있습니다. 그리고 250만 년 전, 사람속屬 최초의 인류가 탄생합니다. 침팬지와 분기된 인류는 이후의 진화 과정에서 다양한 종류로 나뉘어집니다.

지금으로부터 200만 년 전, 인류는 전 세계에 퍼졌습니다. 구석기 시대의 인류는 불을 발견하고 급속도로 진화합니다. 그전까지 나무 열매나 생고기를 먹다가 불을 사용함으로써 섭취할 수 있는 영양소가 늘어나고 뇌가 급속도로 발달하기 시작합니다.

30만 년 전에는 수렵 생활을 하고 문화가 탄생하면서 간단한 단어로 소통을 합니다. 이 무렵 존재했던 인류의 종류는 여섯 종류로, 호모 하빌리스, 호모 에르가스터, 호모 에렉투스, 호모 하이델베르겐시스, 호모 네안데르탈렌시스, 호모 사피엔스입니다. 그중에 호모 사피엔스가 사람으로 분류되는 인류입니다. 이유는 밝혀지지 않았지만, 여섯 종류의 인류 중 사람 이외의 인류는 멸종하고 맙니다.

5만 년 전에 획득한 '능력'

인류가 크게 변화했던 시기는 지금으로부터 약 5만 년 전입니다. 그 이전에 사람은 석기를 사용하거나 불을 사용하면서 서서히 진화를 계속했습니다. 하지만 진화의 속도가 매우 느려서 유전자의 진화에 불과합니다. 그런데 5만 년 전을 경계로 사람은 함정을 사용해 수렵을 하거나, 옷을 만들거나, 죽은 사람을 매장하거나, 동굴 벽화를 그리기 시작합니다. 획득한 능력을 정리해 보면 다음과 같습니다.

- 추상적 사고(구체적인 사례에 의존하지 않는 개념)
- 계획(더 나은 목표를 지향하기 위한 단계를 생각함)
- 발상(새로운 해결 방법 찾기)
- 기호記號를 사용한 행동(의식이나 우상 숭배)

인류가 급속하게 진화한 요인은 언어의 발달입니다. 언어의 발달은 다른 동물과 사람을 구분하는 결정적인 차이입니다. 그 차이의 정체는 '협력'과 '정보 전달'입니다. 인류 이외의 동물, 예를 들어 사자, 꿀벌, 개미 등도 집단으로 생활하면서 서로 협력해 살아갑니다. 하지만 이들의 협력은 언어를 통한 협력이 아니라 유전적 또는 그 이외의 정보를 통한 협력입니다. 반면에 사람은 언어를 사용해 소통하고 협력함으로써 자신보다 거대하고 강한 사냥감을 잡았습니다. 사람의 진화가 이 무렵을 경계로 급속하게 진전된 이유는 그야말로 언어 덕분입니다.

유전적 진화는 매우 느려서 수천 년, 수만 년이나 걸립니다. 반면에 언어를 사용해 정보 전달을 한다는 것은 지극히 단시간에 진화할 수 있음을 의미합니다. 예를 들어 사냥감이 잘 잡히는 곳을 발견했을 때, 언어를 사용하면 그곳을 동료에게 전달할 수 있고 동료와 협력해서 수렵할 수 있습니다. 또 수렵한 경험은 언어를 통해 다음 세대에게 전달할 수 있습니다. 경험을 계승한 다음 세대 사람들은 그 지식을 더욱 발전시킬 수 있습니다. 이처럼 급속하게 발달한 뇌와 언어 덕분에 인류의 진화가 가속된 것입니다.

'개인'에서 '사회'로 진화하다

한편 현대의 우리는 더욱 빠르게, 몇 년이라는 압도적으로 짧은 기간에 기술을 발전시켰습니다. 군대를 보유하고, 지형을 개조하고, 거대한 빌딩을 세웠습니다. 수렵으로 식재료를 조달하면서 작은 집에 살던 5만 년 전 사람과 비교하면 현대의 우리는 육체적으로나 지능적으로 능력이 높은 것처럼 느껴지기도 합니다. 하지만 이는 커다란 착각입니다.

5만 년 전 사람은 현대의 인간보다 뇌의 크기가 크고 신체도 근육질이었으며, 생활과 관련된 모든 것을 기억해 동식물의 모든 지식을 취했습니다. 현대인을 하나의 거대한 사회 시스템으로 본다면, 5만 년 전 사람들은 빈약해 보입니다. 하지만 현대인 개개인과 비교해 보면, 5만 년 전 사람들의 육체적인 능력은 월등히 높습니다. 이처럼 인류 역사상 최강이었던 5만 년 전 사람이 크게 변화하는 사건이 찾아옵니다. 바로 약 1만 년 전에 일어났던 '농업 혁명(신석기 혁명)'입니다. 인류는 '개인'이 높은 능력으로 모든 일을 처리하기보다는 먹거리를 기르거나 사냥을 하거나 옷을 만드는 등, 분업의 '효율성'을 생각합니다. 그리고 더 많은 공동체를 만들고 협력함으로써 인류라는 종의 성장을 가속시킵니다. 이때부터 인류는 현대 사회를 향해 급속도로 움직이기 시작합니다.

농업을 시작하고 식재료를 안정적으로 대량 확보할 수 있게 되자, 인류는 이전까지 사냥으로 얻었던 고기를 직접 기릅니다. 한편으로는 농경과 목축으로 풍족해진 공동체가 다른 공동체의 공격 대상이 되기도 했는데, 이는 수렵이나 농업을 하기보다 이미 식재료가 풍부한 곳을 빼앗는 것이 더 효율적이기 때문입니다. 결국 사람들은 한곳에 모여 방벽과 감시 초소, 그리고 그것들을 관리하는 조직을 만들었습니다.

사람들의 분업이 더 상세해지고 조직이 커지자 공동체도 점차 커집니다. 도시가 생기고, 국왕이 등장하고, 그리고 제국이 만들어졌으며, 제국은 서로 정보 교환을 하거나 전쟁으로 판도를 확장합니다. 그리고 효율성의 추구는 과학과 공업의 발달로 이어져 18~19세기에 '산업혁명'을 일으켰고, 그 결과 현대의 우리와 가까운 생활 형태가 완성되었습니다.

우리 인류는 탄생 이후 5만 년 전까지 오랜 시간을 거쳐 천천히 성장을 계속해 왔습니다. 언어의 발달과 함께 협력을 하게 된 이후로는 유전적인 진화를 압도적으로 뛰어넘는 속도로 진화를 계속하고 있습니다. 산업 혁명이 일어난 지 불과 약 200년 만에 사람은 차를 운전하고 쾌적한 집에 살며, 마트에서 식재료를 조달합니다. 또 최근 20년 만에 인터넷이 폭발적으로 보급되고 사람들의 협력은 더 강해져, 진화가 더욱 가속되고 있습니다.

현재 인류는 로봇 공학, 인공 지능, 블록체인, 나노 테크놀로지, 양자 컴퓨터 등 그 이상의 빠른 속도로 진화를 가속하고 있습니다. 이미 지구 자원의 80%를 사용할 수 있는 기술을 획득했고, 훗날 우주로 거주 영역을 넓혀 나갈 것입니다. 이처럼 기하급수적으로 진화 중인 인류는 앞으로 어떻게 태양계나 다른 항성으로 진출할까요?

태양의 일생

지름이 지구의 100배 이상이고, 무게는 지구의 33만 배인 태양. 막대한 에너지를 방출하면서 지구를 따뜻하게 비춰주고 생명을 자라나게 하는 태양은 어떻게 탄생했을까요? 그리고 어떻게 종말을 맞이할까요?

태양의 탄생

우주 공간에 떠도는 분자를 거시적으로 살펴보면 밀도가 짙은 부분과 옅은 부분이 있습니다. 밀도가 옅은 부분의 분자 농도는 각설탕 네 개만큼의 영역에 분자가 한 개 정도 있습니다. 밀도가 짙은 부분의 분자 농도는 각설탕 한 개만큼에 1,000개 정도의 분자가 있습니다. 그리고 분자의 밀도가 높은 부분의 집합체를 분자운이라고 합니다.

분자운의 크기는 매우 거대합니다. 작은 것만 해도 15광년이고 큰 것은 600광년이나 됩니다. 분자의 밀도가 압도적으로 작지만 크기가 거대해서 질량이 태양의 1만~1,000만 배나 됩니다. 분자운의 주성분은 수소가 71%, 헬륨이 27%, 나머지 2%는 작은 먼지(공간에 떠도는 암석이나 금속 등)입니다. 일반적으로 분자운은 떠도는 분자의 가스압과 중력의 균형이 조화를 이루므로 덩어리가 되지 않습니다. 하지만 그 안정성도 영원하지 않습니다. 분자운끼리 충돌하거나 가까이에서 초신성 폭발이 발생하면, 가스압과 중력의 균형이 깨지면서 가스압이 중력을 버티지 못하고 구름은 수축을 시작합니다. 글로 설명하니 한순간에 일어나는 것 같지만, 분자운이 중력붕괴를 시작하기까지 걸리는 시간은 약 1만 년입니다.

분자운이 수축을 시작하면 분자의 밀도가 짙은 부분을 중심으로 구름이 둥글게 뭉치기 시작합니다. 이 중심부가 분자운의 핵입니다. 핵이 형성된 뒤에도 중력붕괴가 멈추는 것은 아닙니다. 중력붕괴가 진행되면 별의 핵 온도가 점차 상승합니다. 분자운의 각 분자는 중력에 의한 위치에너지를 갖고 있고, 핵으로 떨어지면서 에너지를 전자기파로 방출합니다.

초기에 방출된 전자기파는 방해받지 않고 그대로 우주 공간에 방출됩니다. 그러나 점차 분자가 응축하기 시작하면서 에너지를 방출할 수 없게 되자, 전자기파는 열로 교환되어 분자운의 핵 온도가 올라갑니다. 그 온도는 -210~-170℃ 정도입니다. 우주의 온도가 -270℃이므로 분자운의 핵 온도는 고온이라고 할 수 있습니다.

핵에 모인 에너지는 복사를 통해 주로 적외선으로 방출됩니다. 분자운의 핵 온도가 올라도 중력붕괴는 멈추지 않습니다. 분자운에 포함된 분자가 핵을 향해 계속 낙하하고 핵 온도는 계속 올라갑니다. 핵 온도가 1,750℃를 넘으면 수소와 헬륨이 이온화하고, 이온화하기 위해 핵의 에너지가 소비되고 중력붕괴는 더욱 빨라집니다.

중력붕괴가 점점 빨라지면, 에너지가 우주 공간으로 방출되지 않고 분자운 핵의 온도가 상승합니다. 그러면 안쪽 에너지와 중력에 의한 위치에너지가 균형을 이루어 중력붕괴가 멈추고 원시별이 됩니다. 이후 붕괴에너지가 원시별을 중심으로 회전하는 에너지로 변하고, 분자가 원반형으로 회전하기 시작합니다. 그리고 회전축의 두 방향을 향해 이온의 제트가 방출됩니다. 이것이 바로 허빅-아로 천체입니다.

원시별에서 뻗어 나오는 구름 모양은 매우 신비롭습니다. 원반을 만든 원시별은 원반에서 떨어지는 물질을 흡수하고 거대해지며 온도가 더욱 상승합니다. 1,000만℃ 정도가 되면 마침내 원시별의 중심에서 핵융합을 시작합니다. 이렇게 지구를 밝게 비춰주는 태양이 형성되었습니다.

태양의 구조

태양의 지름은 140만km입니다. 지구를 100개 이상 늘어놓더라도 여전히 태양이 더 거대합니다. 무게는 지구의 33만 배이고, 태양계에서 태양의 질량이 차지하는 비율은 99.86%입니다. 즉, 태양계 무게의 대부분은 태양이라는 뜻입니다.

중력에 의해 물질이 한데 모여 있어, 태양의 형태는 거의 완전한 구체입니다. 태양의 표면을 둘러싼 채층은 밀도가 매우 옅은 대기로 되어 있고 온도는 5,500℃ 정도입니다. 개기일식 때 아름다운 모양을 그리며 밝게 빛나는 바로 그 부분입니다.

채층 아래에는 광구가 있는데, 이것이 이른바 태양의 표면입니다. 태양은 가스로 만들어져 있어서 원래는 표면이 존재하지 않습니다. 광구는 불투명한 가스로 만들어져 광구의 안쪽 빛은 바깥쪽에 닿지 않습니다. 태양을 관찰할 때 보는 빛은 광구에서 나오는 빛으로, 광구가 태양의 표면이 됩니다. 광구는 태양 표면에서 중심으로 돌입하면 불과 300~600km의 두께로 다 통과할 수 있고, 이어서 대류층에 도달합니다.

대류층은 원자가 플라스마 상태이므로 전자기파가 차단됩니다. 따라서 핵에서 만들어진 에너지는 전자기파로, 대류층을 통과할 수 없습니다. 대류층은 깊은 곳에서 데워지고 표면 가까이에서 냉각되기 때문에 빙글빙글 순환합니다. 그리고 이 대류는 태양이 만들어내는 에너지를 태양 표면까지 전달합니다.

두께 20만km, 지구 다섯 바퀴만큼의 거리나 되는 대류층을 넘어 깊숙이 들어가면 태양에서 가장 두꺼운 복사층이 있습니다. 두께는 40만km입니다. 대류층에서는 솟아오르는 온천처럼 하부의 열을 상부로 전달하는데, 복사층에서는 대류가 없어서 복사로 열을 전달합니다. 복사층은 전자기파를 통과시키기는 하지만, 전자기파가 통과하기 쉬운 것은 아닙니다. 복사층을 통과하는 전자기파는 앞으로 나아가거나 뒤로 물러나거나 옆으로 이동하는 등 여기저기를 돌아다니면서 복사층을 나아갑니다. 복사층의 두께는 40만km이며, 전자기파의 이동 속도는 초속 30만km입니다. 복사층의 거리를 직진할 수 있다면 약 1초 만에 도달할 수 있습니다. 하지만 일설에는 복사층에 들어간 전자기파는 돌아가기를 되풀이하므로 복사층을 빠져나가는 데 걸리는 시간이 17만 년이라고 합니다. 즉 오늘날 지구를 비춰주고 있는 태양의 빛은 17만 년 이상 전에 만들어진 빛인 셈입니다.

복사층을 빠져나가면 마침내 태양의 중심부 핵에 도달합

니다. 핵의 크기는 지름 10만km로, 지구 여덟 개가 옆으로 늘어선 크기이고, 핵의 온도는 1,500만℃로 초고온입니다. 성분은 수소 70%, 헬륨 30%입니다. 1초 동안 6억 톤의 수소를 소비해 핵융합을 합니다. 핵은 막대한 에너지로 팽창하려고 하지만, 태양의 중력과 물질이 억눌러 정확히 균형을 이룸으로써 태양의 구체를 유지합니다. 핵융합의 출력은 일정하지 않습니다. 핵의 출력이 올라가면 핵이 조금 커지거나 압력이 내려가고, 이로 인해 출력이 내려갑니다. 태양은 자기 자신의 중력과 물질로 핵융합의 출력을 안정시킵니다.

코로나가 초고온에 도달하는 수수께끼

하늘을 올려다보면 항상 같은 자리에 있는 태양. 지구와 가장 가까운 항성이지만, 현재까지도 해결되지 않은 문제가 몇 가지 있습니다. 그중 하나가 바로 '코로나 가열 문제'입니다.

'코로나'란 태양 표면에서 수천 킬로미터까지 퍼져 있는 희박한 가스를 말합니다. 태양 표면의 온도는 약 6,000℃인데 코로나의 온도는 100만℃로, 온도 차이가 꽤 큽니다. 코로나가 발산하는 온도에는 막대한 에너지가 필요한데, 그 에너지

자기 재결합

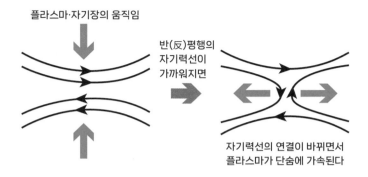

플라스마·자기장의 움직임

반(反)평행의
자기력선이
가까워지면

자기력선의 연결이 바뀌면서
플라스마가 단숨에 가속된다

자기에너지 → 운동·열에너지

원이 무엇인지는 전혀 알려진 바가 없습니다. 이 현상이 얼마만큼 불가사의한 것인가 하면, 예를 들어 백열전구의 유리 부분보다 유리에 가까운 공기의 온도가 압도적으로 높아지는 것과 같습니다.

현재 이 문제를 해결하는 후보 중 유력한 것이 '자기 재결합'입니다. 전도성이 높은 플라스마 속에서 자기력선의 결합이 바뀌는 현상으로, 자기장 에너지가 운동에너지나 열에너지로 변환되는 것을 말합니다. 이 자기 재결합으로 태양의 약간 바깥쪽이 표면보다 고온이 된다는 이론입니다.

태양은 어떻게 수명을 다할까

활발하게 계속 활동하는 태양도 수명은 영원하지 않습니다. 태양은 매초 6억 톤의 수소를 소비하기 때문에 점차 연료가 줄어들어 핵융합의 출력이 떨어집니다. 그렇게 되면 안쪽에서 발생하는 반발력이 작아지고 태양 자신의 무게로 인해 핵이 더 강력하게 압축됩니다. 이 결과 핵의 온도가 조금씩 상승합니다. 실제로 태양이 핵융합을 시작했을 무렵에 비해 현재는 30% 정도 밝습니다. 태양이 밝아지는 현상은 앞으로도 계속되어, 일설에는 앞으로 50억 년 후의 태양이 지금의 두 배 정도 밝기로 빛날 것이라고 합니다.

10억 년 정도 더 지나면 핵의 수소는 줄어들고 수소의 핵융합으로 생기는 헬륨의 비율이 높아집니다. 헬륨은 수소보다 질량이 크기 때문에 수소를 밀어내고 핵을 지배합니다. 밀려난 수소는 핵의 바깥쪽에서 핵융합을 시작해 태양은 급속도로 거대해지는데, 그 크기는 수성과 금성을 집어삼킬 정도입니다. 수십 억 년이 더 지나면 수소의 핵융합이 끝나서 이번에는 급속도로 수축합니다. 태양이 수축함으로써 핵이 급격히 압축되어, 이번에는 핵의 헬륨이 핵융합을 시작합니다. 헬륨의 핵융합으로 산소와 탄소가 생성되고, 수소 때와 마찬가지로 헬륨보다 무거운 산소와 탄소로 핵이 채워지면서 태양은 다시 급속도로 팽창합니다.

이처럼 태양은 팽창과 수축을 반복하고 가스를 전부 사용하고 나면 결국 태양의 핵만 남습니다. 그리고 남은 핵이 드러나게 된 천체가 바로 백색왜성입니다. 온도는 10만~100만℃로 초고온이지만 이미 핵융합은 정지되었기 때문에 새로운 에너지가 만들어지는 일은 없습니다. 붉은 철이 점차 식어가듯이, 백색왜성 역시 전자기파를 복사하면서 식어갑니다. 복사하는 전자기파는 온도에 따라 달라집니다. 온도가 높을 때는 X선, 온도가 식어감에 따라 자외선, 가시광선으로 서서히 복사 에너지가 줄어들다가 적외선을 방출할 때쯤이면 육안으로는 확인할 수 없습니다. 더 식으면 전자기파의 복사는 완전히 멈춥니다. 전자기파를 전혀 방출하지 않는 어둡고 완전히 식어버린 별이 바로 흑색왜성입니다.

연료가 다 소진된 태양은 핵 이외에는 모두 방출하고 남은 핵도 완전히 식어버린 흑색왜성이 되어 우주 공간을 떠돕니다. 게다가 더 오랜 시간을 거쳐 양자의 터널 효과로 점차 순수한 철 덩어리로 변화합니다. 그리고 대통일 이론이 예측하는 대로, 만약 양성자나 중성자에도 수명이 있다면 철 원자를 구성하는 양성자와 중성자는 전자기파로 변환되어 붕괴합니다. 결국 태양은 흔적도 없이 사라지고 맙니다.

　우주 탄생부터 현재까지 그 기간은 138억 년. 인류에게는 너무나도 오랜 시간처럼 느껴지지만, 백색왜성 입장에서 보면 한순간에 불과합니다. 왜냐하면 백색왜성이 다 식기까지는 수조 년에서 1,000조 년이 걸리기 때문입니다. 앞으로 수조 년 정도 계속 존재할 태양이 밝게 빛나는 시간은 이제 70억 년 정도 남았습니다. 장대한 우주를 알면 알수록 우리가 얼마나 미약한 존재인지를 절실히 느낍니다. 하지만 우리의 수명이 영원하지 않듯이, 밝게 빛나는 태양도 언젠가 종말을 맞이합니다. 하늘에서 쏟아져 내리는 따뜻함도 끝이 온다는 것을 우리도 알게 되었으니, 태양과 마찬가지로 지금을 뜨겁게 빛내고 사랑하는 사람들을 밝게 비춰주는 것이 중요한 것 같습니다.

태양 소멸 전 인류의 목표

태양의 수명은 120억 년 전후로 알려져 있습니다. 현재 46억 살이 되어 태양의 수명은 반환점에 접어들었습니다. 태양이 수명을 다한다는 것은 연료인 수소를 다 써버리는 것을 말합니다. 인류가 생존하기 위해 태양은 꼭 필요한 존재입니다. 하지만 언젠가 수명을 다할 텐데, 태양이 다 연소하기 전에 우리는 우주의 어디를 목표로 이동해야 할까요? 탈출지의 후보가 되는 별을 살펴보겠습니다.

태양과 비슷한 항성에 가까운 행성

일설에 따르면 우리은하에는 3,000억 개의 항성이 있고, 행성은 1,000억 개가 있습니다. 그리고 지구와 같이 생명이 존재할 수 있는 행성도 100억 개가 있습니다. 태양 크기 정도의 항성이라면 수명도 태양과 거의 비슷한 120억 년 전후입니다. 만약 태양보다 30억 년 늦게 태어난 별이라면, 태양계보다 앞으로 30억 년 더 오래 생명이 살 수 있습니다.

30억 년 동안 더 살 수 있는 행성을 발견한 것은 좋은 소식이지만, 앞으로 기나긴 우주의 역사를 생각하면 이는 매우 짧은 시간입니다. 생명이 더 오래 안정적으로 계속 살아가기 위해서는 수명이 더 긴 에너지원을 찾아내야 합니다.

적색왜성

적색왜성은 태양과 마찬가지로 핵융합하여 에너지를 발생시키는 항성입니다. 별의 탄생 초기에 충분한 수소를 모으지 못했던 작은 별입니다. 다른 항성과 마찬가지로 핵융합을 하고 있지만, 가장 다른 점은 핵융합의 속도입니다. 태양형 항성은 별의 중심인 핵에서 핵융합을 하는데, 적색왜성은 별 전체를 사용해 느린 속도로 핵융합을 합니다. 핵융합이 느리기 때문에 별이 너무 어두워 육안으로는 보이지 않습니다.

최신 관측에 따르면 지구와 비교적 가까운 적색왜성이 20개 정도 발견되었습니다. 연료의 소비 속도가 느려 적색왜성의 수명은 짧아도 1,000억 년, 길면 10조 년이나 됩니다. 현재 우주의 나이는 138억 년입니다. 당연히 현재까지 수명을 다한 적색왜성은 하나도 없습니다. 우주에 존재하는 적색왜성은 수명으로만 본다면 이제 갓 태어난 아기입니다.

적색왜성이라는 독특한 이름이 붙어 있지만, 그 정체는 태양과 거의 비슷합니다. 따라서 적색왜성의 주위에도 지구처럼 행성이 돌고 있고, 실제로 관측되기도 했습니다. 적색왜성은 태양보다 작은 항성이라서 생명이 쾌적하게 살 수 있는 행성과의 거리는 지구와 태양의 거리보다 훨씬 가깝습니다. 예를 들면 태양과 수성의 거리랄까요?

문제도 있습니다. 거리가 너무 가까워서 지구 주위를 도는 달처럼 행성의 자전에 제동이 걸리므로 낮과 밤이 없습니다. 참고로 수성은 예외적으로 자전하고 있습니다. 원래 수성과 태양의 거리라면 수성의 자전에도 제동이 걸려야 합니다. 실제로 태양계가 탄생한 직후 수성의 자전은 여덟 시간이었는데, 태양의 강력한 중력으로 자전 속도가 느려져 현재는 약 59일입니다. 태양의 주위를 타원형으로 공전하고 있어서 자전이 고정되는 일은 간신히 면한 것입니다. 적색왜성 때문에 자전에 제동이 걸린 행성은 한쪽은 작열하고 반대쪽은 극한의 추위라는, 혹독한 환경을 갖습니다. 만약 행성에 물이 풍부하다면 열이 분산되어 온도 차는 완화될지도 모릅니다.

이 밖에도 문제가 있습니다. 적색왜성의 일부는 매우 불안

정해서 출력이 40% 떨어질 때가 있는가 하면, 거대 플레어
(별의 표면에서 일시적으로 표출되는 엄청난 양의 빛과 에너지_옮긴이)를
방출할 때도 있습니다. 플레어가 발생하면 강렬한 열과 방사
선이 행성을 다 태워버리고 맙니다.

적색왜성 가까이에 사는 것은 위험에 가득 차 있지만, 에
너지원이 없어지는 것보다는 나을 수도 있습니다.

백색왜성

백색왜성은 별의 시체로, 백색왜성이 만들어지기까지는 두
가지 패턴이 있습니다. 하나는 앞서 소개한 적색왜성이 타
고 남은 재입니다. 오랜 시간에 걸쳐 타버린 적색왜성은 수
소 연료가 소진되어 점차 백색왜성으로 변화합니다. 다른 하
나는 태양과 같은 거대 항성에서 만들어집니다. 거대 항성
은 중심부에 수소가 핵융합해서 밝게 빛나고 있습니다. 그런
데 점차 수소가 줄어들면 중심부에는 헬륨이 모이고, 헬륨의
바깥쪽에서 수소가 핵융합합니다. 이 상태가 되면 별은 매우
불안정해집니다. 별은 팽창과 수축을 반복하면서 서서히 물
질을 방출하고, 별의 약 절반 정도 되는 물질을 방출하고 나

면 중심부에는 핵만 남습니다. 원래 별의 중심이었던 핵은 밀도가 높아 각설탕 한 개의 부피가 무게는 1톤 이상입니다. 따라서 중력도 강력합니다.

태양 정도 무게가 나가는 백색왜성의 경우, 크기는 태양의 60분의 1로 작으며 표면의 중력은 지구의 11만 배입니다. 원래 별의 핵이었으므로 온도는 우주에서 가장 뜨겁고, 10만℃를 넘는 백색왜성도 있습니다. 온도는 높아도 핵융합은 이미 멈췄고, 별이 작아서 백색왜성을 도는 지구형 행성은 백색왜성의 바로 가까이에서 공전해야 합니다. 적색왜성과 마찬가지로 공전 궤도가 백색왜성에 가까워서 행성의 자전에 제동이 걸립니다. 따라서 항상 같은 면만 백색왜성을 향해 있으며, 백색왜성에서 인간이 살 수 있는 곳은 낮과 밤의 경계에 있는 좁은 영역밖에 없습니다.

나쁜 소식도 있습니다. 백색왜성은 근처 항성과 쌍성을 이루고 있는 경우가 있습니다. 백색왜성은 강력한 중력으로 근처 항성의 수소를 빼앗아, 수소가 모여 있습니다. 모인 수소는 백색왜성의 중력 등의 영향으로 압력과 온도가 올라가 핵융합을 일으킵니다. 별의 중심에서 이루어지는 핵융합은 제어된 핵융합이지만, 별의 표면에서 핵융합이 시작되면 그야말로 수소폭탄 그 자체입니다. 단번에 수소가 융합해 폭발하는데, 이를 신성新星이라고 합니다.

위험한 일면도 존재하는 백색왜성이지만, 방출하는 에너지는 단순한 잔열이므로 안정적입니다. 적색왜성처럼 위험한 곳은 아닙니다.

백색왜성의 다른 장점은 수명이 길다는 점입니다. 적색왜성과 마찬가지로 수조 년은 계속해서 에너지를 방출합니다. 핵융합이 멈췄는데 왜 장기간 에너지를 낼까요? 그것은 보온병의 원리와 같습니다. 백색왜성의 핵은 진공의 우주에 떠 있어서 열이 주위로 달아나지 않습니다. 유일하게 열이 빠져나가는 경로는 복사뿐입니다. 복사하여 거대한 핵이 다 식을 때까지 걸리는 시간은 수조 년이며, 큰 별의 경우 1,000조 년이 넘습니다.

하지만 백색왜성의 수명도 영원하지는 않습니다. 수조 년 후에는 핵이 다 식어서 흑색왜성으로 변화합니다. 흑색왜성은 우주와 같은 온도까지 식고, 검어서 전혀 보이지 않습니다. 그 후에는 양자역학의 터널효과에 따라 철 덩어리로 변해 우주 공간을 떠돕니다.

블랙홀

모든 것을 빨아들이는 블랙홀. 그런데 장기적으로 보면 블랙홀도 에너지원이 될 가능성이 있습니다. 블랙홀과 에너지의 관계로는 호킹복사가 있습니다. 호킹복사란 블랙홀에서 에너지를 방출하는 것을 뜻합니다. 모든 것을 빨아들이는 블랙홀은 왜 호킹복사를 일으키는 걸까요?

호킹복사의 원인으로 두 가지 가설이 있습니다. 두 가설 모두 빛조차 빠져나가지 못하는 경계선인 사건의 지평선과 관련이 있습니다. 하나의 가설은 블랙홀이 만들어내는 입자와 반입자입니다. 블랙홀의 강력한 중력으로 소립자 물리학에서의 입자와 반입자가 생성됩니다. 이 현상이 마침 지평선 부근에서 발생했을 경우 한쪽의 입자는 블랙홀로 떨어지고, 다른 쪽은 블랙홀에서 벗어날 가능성이 있습니다. 입자 생성에 블랙홀의 에너지가 사용되고 있어, 블랙홀은 하나의 입자를 생성하는 데 필요한 에너지의 절반에 해당하는 에너지를 잃습니다. 또 하나의 가설은 진공 요동입니다. 이 가설의 경우 블랙홀의 에너지와 관계 없이, 진공이 가진 에너지로 입자와 반입자가 생겨납니다. 그리고 한쪽의 입자만 블랙홀로 떨어집니다. 이 입자 생성에는 블랙홀의 에너지를 사용하지 않지만, 에너지 보존 법칙에 따라 블랙홀로 떨어진 입자는 음의 에너지를 가져야 합니다. 블랙홀이 음의 에너지를 가진 입자를 흡수해 블랙홀의 총에너지가 감소합니다.

이 두 가설이 원인이 되어 블랙홀은 에너지를 방출합니다. 하지만 방출하는 에너지의 절대량이 너무 작아서 사용할 수 없습니다. 그렇다면 블랙홀의 에너지는 어떻게 사용할까요? 바로 블랙홀의 회전 에너지입니다. 크고 무거운 팽이의 회전이 오래 이어지듯이, 회전하고 있는 물체는 회전이 멈추지 않습니다. 이를 각운동량 보존 법칙이라고 합니다. 각운동량 보존 법칙에 따라 회전하는 별이 작아지면 회전 속도는 빨라집니다. 원래 커다란 별이 쪼그라든 블랙홀은 우주에서 가장 빠른 회전 속도를 갖고 있습니다. 아인슈타인의 일반상대성 이론이 예측한 블랙홀은 크기를 갖지 않는 단순한 점입니다. 하지만 크기가 없는 점은 회전할 수 없습니다.

끈이론으로 블랙홀을 설명한다면, 중심은 부피가 없는 선이 이어진 고리로 표현할 수 있습니다. 이 고리는 회전을 하는데, 이 회전 속도가 너무 빨라서 시공간까지 끌려들어가 회전합니다. 이 영역이 '작용권作用圈'입니다. 블랙홀이 거대하고 회전 속도가 빠른 경우 작용권은 사건의 지평선 바깥쪽에 있어서 작용권에 진입하더라도 밖으로 나올 수 있습니다.

작용권

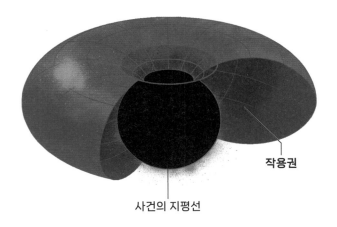

작용권

사건의 지평선

　우주에서는 빛의 속도를 뛰어넘을 수 없는 반면에, 블랙홀의 회전에 끌려든 작용권의 시공간 속도는 광속을 뛰어넘습니다. 따라서 작용권에 진입하면 작용권과 작용권 바깥의 시공간 속도 차는 광속 이상입니다. 하지만 진입한 물질이나 전자기파는 광속을 뛰어넘을 수 없으므로 제자리에 머무르지 못하고 억지로 움직입니다. 이를 바꿔 말하면, 작용권에 진입하기만 해도 블랙홀의 회전 에너지로부터 막대한 에너지를 추출할 수 있다는 것입니다. 가장 쉽게 에너지를 얻는 방법은 블랙홀에 뭔가를 떨어뜨리기만 하면 됩니다. 블랙홀에 떨어뜨린 에너지를 조금 웃도는 정도의 에너지를 얻을 수 있으므로 떨어뜨리는 것은 클수록 좋습니다.

블랙홀이 가진 에너지는 막대합니다. 우리은하의 중심에 단 하나 있는 블랙홀의 에너지는 은하계에 있는 별 전체가 수십억 년 동안 발생하는 에너지와 맞먹습니다. 아무리 에너지를 많이 추출하더라도 블랙홀이 가진 에너지를 모두 소진하는 것은 상상할 수 없습니다. 우주에서 가장 수명이 긴 백색왜성이나 블랙홀의 에너지를 사용한다는 것은 너무 장대한 이야기입니다.

현재 지구 생명이 가진 지능은 지구 자원의 약 80%를 사용하는 기술 수준에 머물러 있습니다. 하지만 장기적으로 보면 언젠가 인류는 태양계의 자원을 모두 사용할 수 있는 기술을 손에 넣게 되겠지요. 하지만 그런 태양의 수명도 앞으로 70억 년 남았습니다. 은하의 자원을 사용할 수 있는 3단계의 문명을 목표로 하고 실현하는 것이 지구 생명, 그리고 전체 우주의 생명이 가진 목표일지도 모릅니다.

5장

우주쓰레기 문제

우주쓰레기는 어떻게 생길까

지구 주변에 많은 쓰레기가 떠돌아다닌다는 사실을 알고 있나요? '쓰레기'라고 했지만 음식물 쓰레기나 페트병 같은 것은 아닙니다. '우주쓰레기'는 로켓이나 인공위성 등 우주를 개발하는 과정에서 버려진 폐기물이나 파편을 말합니다. 우주 개발이 활발해지면서 우주쓰레기는 심각해지고 있습니다. 인류에게 어떤 영향을 가져다줄지, 그리고 쓰레기 문제를 어떻게 해결할 수 있을지 살펴보겠습니다.

우주로 물건을 보내는 기술은 어려운 것 같으면서도 단순합니다. 캐치볼을 떠올려 보세요. 야구공은 세게 던질수록 멀리 날아갑니다. 가볍게 던지면 공은 몇 미터 앞에 떨어지고, 마음먹고 던지면 수십 미터 앞에 떨어집니다. 공을 던지는 세기는 바꿔 말하면 공의 속도입니다. 빠르게 던질수록 공은 멀리까지 날아갈 수 있습니다.

공의 속도를 점점 빠르게 하면 어떻게 될까요? 10m 앞, 100m 앞, 1km 앞, 1,000km 앞. 이런 식으로 공을 빠르게 던질수록 공의 착지점은 멀어집니다. 그렇다면 지구를 한 바퀴 돌 수 있을 만큼의 속도로 공을 던지면 어떻게 될까요? 던진 지점으로 공이 뒤에서부터 돌아옵니다. 이때 만약 공기 저항이 없었다면 어떻게 될까요? 지구를 한 바퀴 돈 공은 감속하지 않고 지구 주위를 계속 돕니다. 정확히 원을 그리면서 지구를 계속 도는 야구공의 속도를 제1 우주속도라고 합니다. 해발 0m 지점의 제1 우주속도는 초속 약 7.9km입니다. 약 4초 만에 야마노테선(일본 도쿄의 도심과 부도심 사이를 운행하는 순환 철도로, 한국의 서울 지하철 2호선 격. 총연장 34.5km_옮긴이)을 한 바퀴 돌 수 있을 만큼의 속도입니다. 만약 지표면이 진공이라면 제1 우주속도로 던진 공은 85분 후에 뒤쪽에서 날아옵니다. 가벼운 야구공이라면 수십 미터는 던질 수 있지만 무거운 볼링공을 멀리까지 날리기는 어렵습니다.

그렇다면 로켓은 어떨까요? 로켓 발사는 맨 처음에는 수직으로 쏘아 올려졌다가 이후 서서히 사선 방향이 되고, 결국 지표면과 거의 평행 방향으로 가속합니다. 이렇게 지구 주위를 도는 궤도에 투입된 위성은 엔진을 꺼도 지구 주위를 안정적으로 계속 돕니다. 한 번 궤도에 투입된 위성은 매우 안정적이라서 에너지 없이 몇 년이나 같은 궤도를 계속 돕니다. 대기가 비교적 많은 고도 600km 궤도에서 수년, 800km에서는 수십 년, 고도 1,000km에서는 수백 년이나 되는 오랜 기간 지구로 떨어지지 않고 우주에 계속 머뭅니다. 이러한 안정성의 이유로 많은 위성이 발사되었고, GPS와 해외통신, 일기예보 등 현대에 없어서는 안 될 역할을 맡고 있습니다.

우주를 떠도는 쓰레기의 속도와 파괴력

한편, 이 안정성이 우리에게 중대한 문제를 가져다주었습니다. 지구의 중력을 떨쳐내기 위해 로켓은 막대한 연료를 탑재하고 필요 없어진 탱크를 순서대로 분리해, 효율적으로 위성을 우주로 보냅니다. 그런데 분리되는 장비들, 즉 탱크뿐만 아니라 위성을 넣었던 캡슐과 갖가지 부품, 게다가 필요 없어진 위성까지 우주에 버려지고 있습니다. 오랜 기간 진행된 우주 개발로 그 수가 늘어나, 지구를 도는 우주쓰레기는 필요 없어진 위성이 약 2,700대입니다. 50cm 이상의 물체가 1만 개, 사과 크기가 2만 개, 유리구슬 크기가 50만 개, 그 이하 추적 불가능한 물체가 1억 개 이상 지구 주위를 돌고 있습니다. 이 우주쓰레기들은 시속 3만km, 초속 8km 이상의 빠른 속도로 날아다닙니다. 참고로 권총의 탄환은 초속 0.5km, 군대에서 사용하는 소총 크기의 총탄도 2.5km 정도입니다.

우주쓰레기의 속도는 너무나 빨라 그 파괴력이 강력합니다. 총탄의 3배 이상 속도로 쓰레기가 날아다니는 영역에 군사 위성, 우주 정거장, X선 위성, 우주 망원경 등 100조 엔(약 951조 원) 이상 투자한 인프라가 설치되어 있습니다. 현재 우주쓰레기들을 상시 감시하고 있으며, 우주쓰레기와 충돌이 예상되면 사전에 궤도를 틀어 대처하고 있습니다. 실제로 우주쓰레기와 충돌을 피하고자 국제 우주 정거장은 몇 번이나 궤도를 변경했고, 만일에 대비해 승무원은 탈출 캡슐로 대피하는 등의 대책을 마련해 두었습니다. 또한 로켓에서 벗겨진 수 밀리미터 크기의 도료 등, 우주쓰레기로부터 우주선을 지키기 위해 방탄 옵션이 달린 자동차처럼 우주선에는 우주쓰레기 대책이 마련되어 있습니다.

문제는 충돌하더라도 방어 가능한 작은 우주쓰레기와 감시 가능한 커다란 우주쓰레기 사이에 있는 중간 크기의 우주쓰레기는 현재의 기술로는 대책이 없다는 것입니다. 충돌하면 치명적인 결과를 일으킵니다. 현재 이미 대량의 우주쓰레기가 지구를 덮고 있는데, 광활한 공간을 보면 밀도가 낮아 큰 문제가 되지는 않습니다. 하지만 이 상황이 곧 크게 달라집니다. 바로 연쇄 폭발 때문입니다.

우주쓰레기는 밀도가 낮아 쓰레기끼리 충돌하는 경우는 매우 드뭅니다. 50m 앞에 있는 BB탄을 공기총에서 발사한 BB탄으로 관통시키는 것과 마찬가지로, 그리 쉽게 맞출 수 있는 것은 아닙니다. 하지만 그것도 시간 문제입니다. 오랜 시간을 지나 우주쓰레기끼리 충돌하면 커다란 쓰레기가 파괴되어 수백, 수천 개의 쓰레기로 흩어집니다. 흩어진 우주쓰레기가 다시 다른 커다란 쓰레기와 충돌해, 쓰레기가 쓰레기를 만들어내면서 급속도로 늘어납니다.

현재는 우주쓰레기로 인해 1년에 한 대 정도의 위성이 파괴되고 있는데, 이 파괴로 생겨난 쓰레기가 다음 위성을 파괴하는 데 걸리는 시간은 점차 짧아집니다. 다음 해에는 다섯 대, 또 그다음 해에는 50대의 위성이 파괴되면서 궤도상의 위성 전체가 순식간에 파괴됩니다. 결국 무수히 많은 우주쓰레기가 지구 주위를 가득 메우게 될 것입니다. 이 상태를 '케슬러증후군'이라고 합니다. 우주쓰레기의 연쇄 폭발은 모르는 사이에 진행되며, 알아챘을 무렵에는 더 이상 막을 수 없습니다. 케슬러증후군을 방지하는 방법은 있을까요?

쓰레기 대책 1　　우주쓰레기를 발생시키지 않는다

현재 우주쓰레기를 방지하기 위한 대책으로는 두 가지가 있습니다. 하나는 '우주쓰레기를 발생시키지 않는 것'입니다. 수명을 다한 위성이나 분리된 로켓 부품은 지구에 낙하하게끔 제어하거나 수거해서 재활용합니다. 또는 수명을 다한 위성을 전용 궤도로 변경하는 방법입니다. 다른 하나는 '궤도를 도는 위성을 감속시키는 것'입니다. 위성은 장기적으로 보면 대기의 영향을 받아 서서히 감속해 고도를 낮추다가 대기권에서 전부 연소됩니다. 하지만 현재 우주쓰레기의 상황이 심각해서 수십 년이나 기다리는 것은 상책이 아닙니다.

쓰레기 대책 2　　대기권에서 전부 연소시킨다

그래서 두 번째 방법인 위성을 감속시키는 방법을 사용합니다. 저궤도를 돌고 있는 위성을 제어해 감속시키면 점차 고도가 낮아지기 때문에 저절로 낙하하기를 기다리는 것보다 빨리 위성을 처분할 수 있습니다.

앞서 소개했듯이 지구 주위를 돌기 시작한 위성은 매우 안정적이라서 그 궤도에서 벗어나게 하려면 막대한 에너지가 필요합니다. 고도가 낮은 위성은 대기로 낙하시키기가 비교적 쉬운 반면에, 고도가 높은 기상 위성 등의 정지 위성은 낙하시켜 처분하는 것이 현실적이지 않습니다. 그래서 3만 6,000km보다 고도가 수백 킬로미터 높은 곳으로 이동시켜 위성의 기능을 완전히 정지시킵니다. 이 궤도를 무덤궤도라고 하는데, 말 그대로 위성이 최후를 맞이하는 장소입니다.

새로운 우주쓰레기를 발생시키지 않으려는 노력은 이미 시작되었습니다. 현재 발사하는 위성은 저궤도의 경우 25년 이내에 낙하하도록 제어되어 있고, 반대로 고고도를 도는 정지 위성은 운영 종료 후에 무덤궤도로 이동됩니다.

쓰레기 대책 3   일일이 수거한다

이미 발생한 우주쓰레기를 제거하는 방법도 있습니다. 우주 공간을 떠도는 우주쓰레기를 그물이나 닻으로 이동시켜 낙하시키는 방법, 자기력을 사용해 궤도를 바꾸는 방법, 레이저로 증발시키는 방법입니다. 하지만 비용 대비 효과가 낮아 실현 가능할지는 미지수입니다.

다양한 대책은 이미 시작되었지만, 우주쓰레기를 줄여주는 효과가 있는지는 알 수 없습니다. 연쇄를 막을 수 있는 선을 이미 넘어서 케슬러증후군이 나타났다고 생각하는 전문가도 있습니다. 실제로 현재 추적 가능한 10cm 이상의 쓰레기끼리 서로 1km 이내에 접근하는 빈도는 하루에 1회 이상입니다. 충돌로 우주쓰레기가 기하급수적으로 늘어가는 임계점은 이미 넘어버렸을지도 모릅니다.

광활한 우주를 동경하며 인류는 우주로 진출하기 위해 많은 우주 개발을 진행했습니다. 하지만 우주 개발 과정에서 발생한 쓰레기 때문에 인류는 우주에 진출할 수 없을지도 모릅니다. 이처럼 과학 기술의 발전은 지구에 커다란 문제를 일으켰습니다. 앞으로 우주 인프라를 안정적으로 사용하기 위해서라도 쓰레기를 줄여 우주를 깨끗하게 유지하려는 노력이 필요합니다.

우주엘리베이터

공항에서 가볍게 해외여행을 떠나듯, '우주공항'에서 가볍게 대기권 밖으로 여행을 떠날 수 있는 날은 언제쯤 올까요?

우주여행의 문제는 '에너지 부족'

우주여행의 가장 큰 과제는 무엇일까요? 공기가 없는 것, 추운 것, 혹은 X선 등의 해로운 전자기파···. 세세하게 열거하자면 많지만, 모두 대단한 문제는 아닙니다. 최대 장벽은 '우주로 가기 위한 에너지 부족'입니다. 예를 들어 로켓은 우주를 향해 수직으로 날아가더라도 언젠가는 낙하하지만, 지구 주위를 도는 궤도에서 제1 우주속도를 내면 우주여행을 즐길 수 있습니다. 지구의 중력과 원심력이 균형을 이룰 경우, 대기가 거의 존재하지 않는 대기권 바깥이라면 중력과 원심력이 균형을 이루는 상태를 오래 유지할 수 있습니다. 우주로 가는 원리를 이렇게 글로 쓰는 것은 쉽습니다. 하지만 실제로 그렇게 되지는 않습니다. 현재 우주로 물자를 보낼 때 사용하는 이동 수단은 로켓입니다. 로켓은 대량으로 탑재한 연료와 산소를 연소시켜 추진력을 얻습니다. 탑재할 물자가 많다면 그만큼 연료와 산소도 많이 탑재해야 합니다. 그렇게 되면 이번에는 로켓 자체가 거대해져, 로켓 무게만큼의 연료도 필요해진다는 악순환이 계속됩니다.

가령 지구에 존재하는 석유나 석탄, 우라늄 등 모든 자원을 최고의 연소 효율로 사용한 경우라도 우주로 보낼 수 있는 물자의 양은 에베레스트산 하나 분량 정도에 불과합니다. 즉 장차 에베레스트 하나 분량의 물자를 우주로 발사한다면, 지구의 자원은 바닥을 찍는다는 뜻입니다. 우주에 '물건'을 보내려면 막대한 에너지, 즉 대량의 자원이 필요합니다.

우주에 닿는 엘리베이터

현재 우주로 1kg의 물자를 보내는 데는 약 2,000만 원이 필요합니다(미국제 아틀라스 V 로켓을 사용해 정지 궤도까지 발사했을 때의 비용). 60kg인 사람이면 12억 원입니다. 매우 높은 금액입니다. 바꿔 말하면 필요한 에너지를 줄이면 우주 개발에 드는 비용을 낮출 수 있다는 뜻입니다. 이를 실현하는 것이 '궤도 엘리베이터'입니다. 지상과 우주를 케이블로 연결하고, 승강기가 케이블을 따라 오르내리는 것입니다. 필요한 모듈은 네 가지가 있는데 지상기지국, 케이블, 우주기지국, 그리고 이동용운반기(탑승칸)입니다.

　지상기지국은 당연히 해상이나 육지에 설치되어야 하는데, 특정 국가에서 건설하면 정치적인 이슈에 얽힐 수 있으므로 국제 해역에 건설될 것입니다. 현재 거론되는 후보지는 태평양 중·동부 적도 해역, 서오스트레일리아 앞바다 인도양 해상, 남대서양 해상, 프랑스령 기아나주 연안, 카보베르데 제도 연안, 세이셸 제도 주변 해역입니다.

궤도엘리베이터 건설 후보지

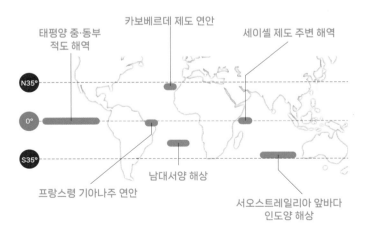

케이블의 길이와 강도 문제

궤도엘리베이터의 케이블은 매우 길어야 합니다. 일단 상공 3만 6,000km에서 도는 정지 위성과 연결하는 계획이므로 최소한 그 정도의 길이가 필요합니다. 궤도엘리베이터의 케이블 길이는 확장도 가능하며, 길면 길수록 사용 목적이 다양해집니다. 예를 들어 고도 3만 6,000km에 기지국을 만든 경우, 기지국이 움직이는 속도는 초속 약 3km이고 지구의 중력을 벗어날 수 없습니다. 하지만 달이나 다른 행성에 가기 위해서는 속도가 중요하므로 허브공항과 같은 중계 기지로 삼기에는 최적입니다.

달에 가는 데에 필요한 속도는 초속 11km입니다. 중계 기지에서 출발한다면 초속 3km에서 초속 11km로 가속하면 됩니다. 즉, 케이블이 길고 우주기지의 고도가 높으면 높을수록 속도가 빨라져 지구에서 먼 곳까지 나서기가 쉽습니다. 따라서 화성과 토성 등 다른 행성으로 이동하는 기지국으로서 편리하게 이용할 수 있습니다. 케이블이 길수록 궤도엘리베이터의 이점이 커지는 것입니다. 반면에 케이블이 길면 당연히 궤도엘리베이터의 실현은 더 어려워집니다.

앞서 설명한 대로 궤도엘리베이터의 케이블 길이는 최소

한 3만 6,000km가 필요합니다. 이는 지구 한 바퀴에 해당하는 케이블을 수직으로 설치한다는 뜻입니다. 따라서 그만큼의 길이를 버틸 수 있는 강도가 필요합니다. 케이블의 강도로는 비강도比強度라는 지표가 있습니다. 비강도란 밀도당 인장引張 강도로, 숫자가 클수록 가벼우면서 강하다는 뜻입니다. 궤도엘리베이터에 사용하는 케이블은 매우 길어서 필요한 비강도는 5만kN·m/kg 이상입니다. 이것이 얼마나 높은 값인가 하면, 튼튼해 보이는 주방 스테인리스의 비강도가 약 60kN·m/kg입니다. 티타늄 합금의 경우 260kN·m/kg, 신소재인 탄소섬유도 2,500kN·m/kg 정도입니다.

현재 후보로 주목받고 있는 케이블 소재는 탄소나노튜브입니다. 탄소나노튜브의 비강도는 4만 6,000N·m/kg 정도로, 충분한 강도라고는 할 수 없지만 실현 가능성은 높습니다. 이 밖에 다이아몬드나노슬레드, 콜로설탄소튜브Colossal Carbon Tube, CCT라는 소재도 연구되고 있습니다.

탑승칸을 어떻게 승하강시킬까

탑승칸은 어떻게 이동할까요? 일반 건물에 설치된 엘리베이터는 '로프식'입니다. 주 로프의 양 끝에 탑승칸과 균형추를 매달고 맨 위에 설치한 권상기로 승하강시키는 구조입니다. 궤도엘리베이터는 현재도 다양한 방법이 고안되고 있는데, 가장 실현성이 높은 것은 '자주식(로프리스)' 엘리베이터입니다. 케이블의 단면을 원이 아닌 직사각형, 즉 납작한 형태로 만들고 두 개의 롤러를 끼워 넣어 탑승칸 자체를 이동시키는 방법입니다. 승하강 속도는 시속 300km 전후가 현재로서는 한계입니다. 그러면 3만 6,000km의 정지 위성에 도착할 때까지 꼬박 5일이 걸립니다.

속도가 올라가지 않는 이유는 궤도엘리베이터의 원리 자체에 있습니다. 궤도엘리베이터의 맞은편에 있는 우주 쪽 기지국은 지구의 자전과 동기화되어 있습니다. 고도가 높을수록 위성은 지구의 자전 방향으로 더 가속합니다. 케이블은 지구의 자전 방향과 반대 방향으로 잡아당겨지고, 반동으로 인해 지구의 자전 방향으로 휘어집니다. 즉, 엘리베이터의 탑승칸이 움직이면 케이블이 진동한다는 것입니다. 탑승칸의 상승 속도가 빠를수록 케이블은 더욱 잡아당겨지고, 그것이 원인이 되어 발생하는 진동도 커집니다.

자주식으로 움직이는 탑승칸에는 또 하나의 과제가 있는데, 바로 이동을 위한 에너지 공급입니다. 탑승칸이 자주식

클라이머 기구의 변천

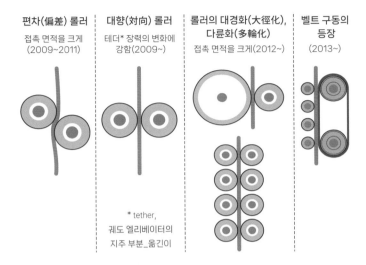

편차(偏差) 롤러
접촉 면적을 크게
(2009~2011)

대향(対向) 롤러
테더* 장력의 변화에
강함(2009~)

**롤러의 대경화(大徑化),
다륜화(多輪化)**
접촉 면적을 크게(2012~)

**벨트 구동의
등장**
(2013~)

* tether,
궤도 엘리베이터의
지주 부분_옮긴이

참고: 일본 우주엘리베이터협회

으로 움직이는 경우에는 에너지를 계속 공급해야 합니다. 현
재 거론되는 유력한 에너지 공급 방법은 두 가지가 있습니
다. 하나는 레이저를 탑승칸에 쏘아 레이저를 동력으로 변환
해 움직이는 방법이고, 다른 하나는 두 번째 케이블을 마련
해 전력을 공급하는 방법입니다.

안전성과 비용

그런데 궤도엘리베이터는 안전한 이동 수단일까요? 안전 면에서 먼저 우려되는 점은 케이블 파손입니다. 우주에서 케이블이 절단되는 경우 3만 6,000km 길이의 케이블이 지구로 낙하합니다. 말 그대로 지구를 뒤흔들 수도 있는, 상상하기도 힘든 초대형 사고입니다. 그리고 우주와 지상이 케이블로 이어져 있으므로 항공기는 케이블을 피해서 비행해야 합니다. 이는 우주도 마찬가지입니다. 인공위성의 대부분은 궤도엘리베이터 건너편에 있는 정지 위성보다 저궤도를 돌고 있으므로 케이블을 피해야 합니다.

구조물의 문제뿐만 아니라 인적 피해도 고려해야 합니다. 지상 기지국에서 정지 위성까지 가려면 약 5일이 걸리는데, 그사이 해로운 우주 방사선에 노출됩니다. 방사선으로부터 보호하기 위해서는 탑승칸 주위에 방호 조치를 해야 합니다. 그렇게 되면 당연히 탑승칸의 중량은 커지고, 운영 비용도 높아집니다.

비용에 주목해 보면, 건설 예산 면에서도 아직 과제가 산적해 있습니다. 궤도엘리베이터 건설에 필요한 예산은 60조~100조 원으로 추산됩니다. 과연 막대한 비용을 들이면서까지 건설하는 이점이 있을까요? 간단하게나마 우주 개발 비용을 계산해보겠습니다.

앞서 소개한 대로 현재 우주로 물자를 보내는 데는 1kg당 약 200만 엔(약 2,000만 원)이 듭니다. 한편 궤도엘리베이터라면 저렴합니다. 일본 우주엘리베이터협회가 산출한 자료에 따르면 기술 검증용의 경우 11만 엔(약 110만 원)/kg입니다. 실용화되면 1만 엔(약 10만 원), 더 기술이 진전되면 천 엔(약 1만 원)으로 되어 있습니다. 초기 투자 비용은 많이 들지만, 사용하면 할수록 단가가 내려가 우주 개발 비용보다 낮아집니다. 또 로켓처럼 '연료를 옮기기 위한 연료를 탑재'하는 등 불필요한 에너지를 절약할 수 있습니다.

현실성 있는 것은 로켓일까, 엘리베이터일까

1903년 라이트 형제는 세계 최초로 동력 비행을 성공시켰고, 훗날 여객기가 탄생했습니다. 여객기는 당시 정부의 주요 인사나 일부 (모험심 넘치는) 대부호들만 탈 수 있는 고가의 이동 수단이었습니다. 현재는 항공기 비용이 내려간 덕분에 누구나 해외여행을 갈 수 있을 만큼 친숙한 이동 수단입니다.

한편 로켓은 비행기처럼 친숙한 존재가 되지 않을 가능성이 있습니다. 기술이 더욱 향상해 로켓 제조 비용이 내려가고 연소 효율을 높인다고 해도, 우주에 도달하기 위해 막대한 에너지가 필요한 것에는 변함이 없고 대량의 자원을 소비하기 때문입니다. 로켓이라는 기술을 사용하는 이상, 가볍게 우주여행을 즐길 수 있는 미래를 실현하는 것은 어려울 것 같습니다. 반면에 궤도엘리베이터는 로켓보다 훨씬 적은 에너지와 비용으로 지구와 우주 사이를 왕복합니다. 불가능했던 유인 비행을 실현해 하늘을 친숙하게 만든 인류는 궤도엘리베이터를 통해 우주와의 거리를 훨씬 가깝게 할지도 모릅니다.

웜홀은 실현 가능할까

'웜홀'은 시공간과 시공간을 이어주는 터널입니다. 빛이 몇십억 년이나 걸려 이동하는 거리를 한순간에 오가지요. 웜홀이 실제로 존재한다면, 겉모습은 마치 블랙홀일 것입니다.

시공간이란 무엇인가

웜홀을 알기 위해 먼저 시공간을 살펴보겠습니다. 우리 주변은 시간과 공간을 합친, 이른바 시공간을 이룹니다. 아인슈타인이 등장하기 전까지 시공간은 불변하고 절대적인 존재로 여겨지고 있었습니다. 그런데 아인슈타인은 질량에 따른 시공간의 뒤틀림을 발견하고, 그것을 하나의 공식으로 나타냅니다. 그 이론이 일반상대성이론입니다. 일반상대성이론에서 알 수 있는 것은 시간과 공간이 질량과 상호작용하며 이는 틀림없는 사실이라는 것입니다. 이로써 일반상대성이론은 웜홀의 존재를 예언한 셈이 됩니다.

웜홀의 종류

애초에 웜홀이란 무엇일까요? 아인슈타인의 일반상대성이론으로 공간을 나타내면 마치 고무판과 같습니다. 물체를 얹으면 고무판은 뒤틀려 가볍게 구부러집니다. 꺾듯이 구부려 위아래 면을 나란히 한 다음 물체로 구멍을 내면 웜홀이 완성됩니다. 구멍을 통하면 아무리 멀어도 지름길이 생겼기 때문에 빛보다 빨리 도달할 수 있는 셈입니다. 마치 SF 영화 같은 이야기처럼 들리는데, 수학적으로는 이미 웜홀을 만드는 것이 가능합니다.

웜홀에는 몇 가지 종류가 있습니다. 한번 살펴보겠습니다.

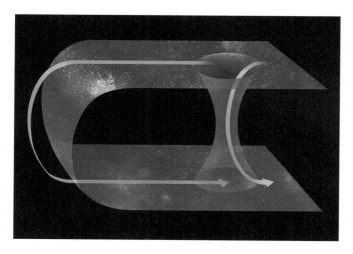

웜홀 상상화

아인슈타인의 일반상대성이론으로 예측할 수 있는 웜홀입니다. 앞서 말한 고무판에 물체를 놓으면 고무판은 물체의 영향으로 휘어집니다. 고무판에 놓은 물체를 압축하면 고무판은 점점 아래로 당겨집니다. 계속 압축해서 물체의 밀도가 무한이 되었을 때, 일반상대성이론이 표현하는 특이점이 출현합니다. 이때 밀도와 중력이 무한이 되면서 일반상대성이론상의 수학이 앞뒤가 맞지 않게 됩니다. 그리고 특이점 주위에 빠져나갈 수 없는 영역이 나타나는데, 이 영역의 딱 경계면, 즉 사건의 지평선 안쪽이 바로 블랙홀입니다. 특이점은 일반상대성이론에서의 계산 불가능한 포인트일 뿐이며, 실제로는 다른 무언가가 있을지도 모릅니다. 바로 '화이트홀'입니다.

특이점의 건너편에는 모든 것을 빨아들이는 블랙홀과 정반대의 화이트홀이 존재합니다. 화이트홀은 일반상대성이론으로 설명할 수 있는데, 그 조건은 시간의 반전입니다. 블랙홀 주변에서는 특이점에 가까워질수록 시간이 느리게 가다가 특이점에서는 시간이 멈춥니다. 그리고 특이점의 건너편에서는 시간이 마이너스, 즉 시간의 흐름이 반전됩니다.

일반상대성이론에 따라 시간은 유연하게 변화하고 시간이 거꾸로 진행되는 공간이 존재하며, 화이트홀이 완성됩니다.

블랙홀의 특이점은 사실 시간이 거꾸로 가는 우주의 화이트홀로 이어져 있다는 것이 아인슈타인-로젠 다리입니다. 어디까지나 이론상의 이야기이지만, 이론상으로는 앞뒤가 맞기 때문에 웜홀의 후보가 될 수 있습니다.

하지만 아인슈타인-로젠 다리가 존재한다고 해도 인류에게 있어 유익한 것은 아닙니다. 이유는 간단합니다. 일단 블랙홀로 빨려 들어가면 기조력 때문에 산산조각이 납니다. 또한 특이점의 통과 속도는 빛의 속도이기 때문에 시간이 멈춰 영원히 밖으로 나올 수 없습니다. 아인슈타인-로젠 다리가 시공간을 연결하고 있다고 해도 인간에게 그것은 삼도천(불교에서 말하는 이승과 저승의 경계에 있는 강_옮긴이)에 세워진 희귀한 다리일 뿐입니다. 아인슈타인-로젠 다리는 연결되어 있어도 절대 건널 수 없는 다리입니다.

웜홀 2 　통과할 수 있는 웜홀

모처럼 웜홀을 발견했다면 통과할 수 있는 웜홀이 좋을 것입니다. 몇 가지 후보가 있는데, 그중 하나가 진공에너지와 우주끈으로 이루어진 웜홀입니다. 진공에너지란 우주를 가속 팽창시키는 미발견 에너지 후보 중 하나입니다. 진공에너지가 발생할 때 시간의 최소 단위인 플랭크 시간 동안에만 시공간에 구멍을 뚫을 수 있습니다. 그런데 한순간에 뚫린 시공간의 구멍은 금세 닫혀버립니다. 이 뚫린 구멍을 유지하는 것이 바로 '우주끈'입니다.

끈이론에 따르면 탄생 직후의 우주는 우주끈으로 구성되어 있습니다. 양자요동으로 뚫린 구멍에 이 우주끈이 관통해, 조금 떨어진 시공간을 연결할 수도 있습니다. 우주끈은 우주의 네 가지 힘 중에서 중력까지도 통일하고 있어서 웜홀을 뚫은 채로 생기는 음의 에너지를 가집니다. 뚫은 구멍에 우주끈이 관통한 상태로 우주의 인플레이션이 발생해, 연결된 시공간과 시공간 사이의 거리가 급속도로 멀어집니다.

우주 초기에 무수히 많은 웜홀이 탄생해 우주의 확장과 함께 우주에 거대한 웜홀이 흩어졌고 시공간의 이동을 가능하게 하고 있습니다.

인공 웜홀은 가능할까

현재 웜홀 후보는 발견되지 않았지만, 물리학상 웜홀의 성질은 블랙홀과 아주 비슷합니다. 따라서 이미 발견된 블랙홀이 사실은 웜홀일지도 모릅니다. 다만, 발견된 블랙홀이 웜홀이었다고 해도 그것을 가볍게 활용할 수 있는 것은 아닙니다.

지구에서 가장 가까운 블랙홀은 쌍성계 HR 6819에 있는 블랙홀입니다. 거리는 약 1,000광년. 지금부터 빛의 속도로 향한다고 해도 도달하는 것은 서기 3,000년입니다. 더구나 랜덤하게 뚫린 구멍은 어디로 이어져 있는지 알 수 없고, 구멍의 건너편이 인류에게 전혀 유익하지 않을 수도 있습니다. 하지만 천연 웜홀이 안 된다면 만들어버리면 됩니다. 인류에게 가장 유익하고 매력적인 웜홀, 바로 인공 웜홀입니다.

인공 웜홀의 요건은 다음과 같습니다.

· 공간 이동이 가능할 것
· 블랙홀처럼 한 번 건너가면 두 번 다시 돌아오지 못하는 사건의 지평선이 없을 것
· 중력 세기의 차이로 통과하는 사람이 파괴되지 않도록 기조력이 충분하게 작은 거대한 구멍일 것

그렇다면 어떻게 시공간에 구멍을 뚫고, 그 구멍을 뚫린 상태로 유지할 수 있을까요? 여기에 사용하는 것이 이종물

질 중에서 음의 질량을 갖는 물질입니다. 이종물질이란 별난 물질 혹은 기묘한 물질이라고도 하는데, 말 그대로 물리학상 기묘하게 행동하는 물질을 뜻합니다. 질량을 가진 물질은 만유인력의 법칙이 나타내듯이 중력을 갖는데, 음의 질량을 가진 물질은 중력과는 완전히 반대 성질인 척력을 갖습니다. 웜홀은 강력한 중력 때문에 닫히려고 해서, 그대로 두면 도중에 쪼그라들어 블랙홀로 변하고 맙니다. 따라서 이종물질을 사용해 반중력으로 구멍이 뚫린 채로 유지하는 것입니다.

현재 음의 질량을 가진 물질은 발견되지 않았고, 존재하는지도 불분명합니다. 하지만 수학적으로 계산해 보면 그 존재가 앞뒤도 잘 맞고 올바른 답을 도출하므로 이론상으로는 존재합니다. 그 후보로는 우주를 가속 팽창시키는 암흑에너지 중 진공에너지가 있습니다. 진공은 양자 크기로 진동하고, 거기에서 입자와 반입자 쌍이 생겨났다가 소멸하는 현상이 일어납니다. 진공으로부터 질량을 가진 입자가 생겨날 때 음의 질량을 가진 입자도 생겨났다가 순식간에 소멸합니다. 그리고 현재 음의 질량을 가진 것과 똑같은 현상을 얻을 수 있도록 제어하는 방법도 이미 존재합니다. 블랙홀급 중력과 정반대인 반중력을 사용하면, 웜홀을 만들고 터널을 유지해 그곳으로 통과할 수 있습니다. 그리고 터널 출입구를 자유롭게 어디든 설치할 수 있는 인공 웜홀이 완성됩니다.

이론상으로는 존재할 법한 웜홀이지만, 반대 의견도 많습니다. 시간 이동과 정보 저장의 문제 때문입니다. 웜홀이 멀리 떨어진 시공간 사이를 연결하는 경우, 중력과 반중력 문제 때문에 출구와 입구에서 시간 차이가 생깁니다. 시간의 차이를 고려하면 이론상 웜홀은 붕괴합니다. 만일 이 문제를 해결했다고 해도 웜홀로는 정보가 통과하지 못합니다. 정보 저장은 현대물리학의 근간입니다. 정보가 통과하지 못하고 저장되지 않는다면 현재의 물리학은 모두 백지가 되고 지금까지 인류가 계속해 온 연구가 모두 허사가 될 만큼 중대한 문제입니다. 실제로 블랙홀 정보 역설이 이 문제를 제기해, 물리학자들을 골치 아프게 만들고 있을 정도입니다. 어쨌든 다양한 이론을 들며 웜홀을 연구 중입니다.

아인슈타인이 시공간을 기하학 모양으로 묘사하고 그것이 올바르다고 증명된 지금, 어떤 형태로든 시공간을 조작하는 방법이 있다고 해도 전혀 이상한 일이 아닙니다. '실사판 어디로든 문(일본 애니메이션 도라에몽에 나오는 도구로, 문을 열면 가고 싶은 곳에 어디든지 바로 갈 수 있음_옮긴이)'의 탄생이 기대됩니다.

6장

우
주
최
대
의
　수
수
께
끼

블랙홀

블랙홀은 현대물리학으로도 규명되지 않은, 우주에서 가장 수수께끼로 가득 찬 천체 중 하나입니다. 강력한 중력으로 모든 것을 집어삼킬 뿐만 아니라, 인류가 만들어낸 현대물리학을 송두리째 붕괴시킬 가능성이 있습니다.

블랙홀을 예언한 일반상대성이론

아인슈타인이 일반상대성이론을 발표하면서 물리학은 비약적으로 발전했습니다. 기존에 시간과 공간은 절대적이고 변하지 않는 것으로 여겨졌는데, 아인슈타인은 공간과 시간은 기하학상의 무대이며 그 무대는 질량과 상호작용한다는 것을 발견해 그것을 수식으로 나타냈습니다. 일반상대성이론의 등장으로 그전까지 설명할 수 없었던 많은 수수께끼가 해결되면서 물리학은 비약적으로 진보했습니다.

이러한 일반상대성이론에도 문제가 있습니다. 물질을 눌러 압축시켜 밀도를 점점 높이면 부피가 0이 되는 순간에 일반상대성이론이 계산할 수 없는 포인트가 발생합니다. 이것이 바로 특이점입니다. 특이점의 주위에는 중력이 극단적으로 강해져 빛조차 탈출 불가능해지는 영역이 나타납니다. 이것이 바로 블랙홀입니다.

일반상대성이론에는 계산이 앞뒤가 맞지 않는 점이 있고,

블랙홀 상상화

그것이 우주에도 존재한다는 것을 이론 자체가 예언한 것입니다. 일반상대성이론이 탄생한 지 60여 년 동안 블랙홀은 발견되지 않았고 이론상으로만 존재했습니다. 그런데 이론 발표 후 60년 정도가 지나자, X선 천문학이 발달해 블랙홀의 후보로 볼 수 있는 현상이 관측되었습니다. 그리고 일반상대성이론을 예언한 지 100년 이상 지난 2019년 4월 10일, 블랙홀의 존재를 보여주는 블랙홀의 그림자를 직접 관찰하는 데 성공했습니다.

블랙홀 관측에 필수인 '전자기파'란 무엇인가

방금 설명했듯이 블랙홀이 처음으로 관측된 것은 아주 최근의 일입니다. 계기가 된 것은 X선 천문학의 발달입니다. X선은 전자기파의 일종입니다. 전자기파는 공간의 전기장과 자기장의 변화로 형성되는 파동입니다. 파장의 차이에 따라 다양한 종류의 전자기파로 분류됩니다.

우리가 평소에 눈으로 보는 것은 모두 전자기파입니다. 전자기파 중에서 파장이 360~830nm인 것이 가시광선입니다. 보라, 파랑, 초록, 노랑, 빨강 등은 모두 전자기파의 주파

수 혹은 파장의 차이로 표현됩니다. 우리 눈은 전자기파 중 360~830nm의 파장을 감지하는 능력이 있는데, 이 능력이 바로 시력입니다. 파장이 400nm 정도로 짧은 전자기파는 보라이고, 가시광선 중에서 가장 파장이 긴 700nm 정도의 전자기파는 빨강입니다. 비가 그친 후 생기는 무지개의 색은 이른바 무지개색으로, 360~830nm의 전자기파를 확산합니다. 눈에 보이는 빨강보다 파장이 길면 눈으로는 볼 수 없지만 전자기파는 존재합니다. 이것이 적외선이며, 바로 태양광의 따뜻함입니다.

파장이 긴 전자기파

적외선보다 파장이 긴 전자기파가 군사에도 사용되는 '전파'입니다. 휴대폰나 지상파 디지털 방송, 블루투스, 와이파이는 가시광선과 같은 전자기파이며 주파수만 다를 뿐입니다.

전파는 더 세부적으로 분류됩니다. 적외선보다 파장이 긴 전자기파가 마이크로파입니다. 밀리파나 센티미터파 등의 총칭입니다. 마이크로파는 군사 레이더와 통신에 사용되는데, 가장 일반적인 것은 전자레인지입니다. 전자레인지는 전파를 음식에 쏘아 물 분자와 공명해 진동시킴으로써 음식을 내부부터 데울 수 있습니다. 즉, 전자레인지는 전파 발생 장치를 부착하고 전파가 바깥으로 새어 나오지 않도록 궁리해 만든 상자인 셈입니다.

마이크로파보다 파장이 긴 것은 순서대로 단파, 중파, 장파 등 무수히 많은 이름이 붙어 있습니다. 모두 단순히 파장의 길이로 분류되어 있을 뿐입니다. 초단파는 TV 등에 사용되고 단파는 무선, 극초장파는 잠수함의 통신에 사용됩니다. 파장이 길어지면 건물 안이나 광산 안, 바다 깊숙이 잠수하는 잠수함에도 전파를 보낼 수 있습니다. 반대로 파장이 짧으면 건물 벽이나 창문 유리 등도 투과하지 못합니다.

여기서 한 가지 획기적인 아이디어가 탄생합니다. 휴대폰에 파장이 긴 초장파나 극초장파 등을 활용하면 건물 안이나 지하, 깊은 산속 등 언제 어디서나 연결되는 스마트폰이 탄생할 것입니다. 하지만 확실히 어디서든 연결되는 대신, 통신 속도가 느려집니다. 실제로 잠수함은 바닷속에서 극초장파를 사용해 사령부로부터 내려오는 지령을 수신하는데, 정보량은 1분에 몇 글자 정도에 불과합니다. 따라서 극초장파를 사용해 지령을 내릴 때는 내용을 단순한 코드로 변환해서 통신합니다.

한편 휴대폰의 통신이 4G에서 5G가 되면 사용하는 전자기파의 파장이 짧아집니다. 파장이 짧은 전파는 정보량이 많아지고 고속으로 지연 없이 통신할 수 있습니다. 그리고 전파가 닿기 어려워서 기지국이 많이 필요하며, 목표로 하는 방향으로 전파를 집중시키는 기술 등이 필요합니다.

가시광선의 파장은 나노미터 크기지만, 잠수함의 통신에 사용되는 전자기파의 파장은 길이가 무려 1,000km나 됩니다. 하지만 어느 쪽이든 단순히 '파동'이며, 어느 쪽이든 같은 전자기파입니다.

파장이 짧은 전자기파

지금까지 가시광선보다 파장이 긴 전자기파를 설명했습니다. 가시광선보다 파장이 짧은 전자기파도 있습니다. 유명한 것이 자외선입니다. 그리고 자외선보다 파장이 짧은 것이 X선입니다. 그렇다면 왜 블랙홀과 우주 관측에 X선이 사용되는 걸까요?

전자기파는 파장이 짧을수록 에너지가 높습니다. 따라서 가시광선보다 X선이 더 에너지가 높습니다. 태양의 표면 온도는 약 6,000℃입니다. 태양 정도의 열에너지를 가진 천체는 주로 가시광선을 발생시키므로 관측할 수 있습니다. 하지만 우주에는 더 큰 에너지를 가진 천체가 무수히 존재하고 있습니다.

초고온이면서 고에너지인 천체는 가시광선보다 X선을 많이 발생시킵니다. 즉, 우주에는 가시광선은 거의 발생시키지 않고 보다 더 높은 에너지를 가진 X선을 많이 발생시키는 천체가 많습니다. 따라서 X선을 관측함으로써 지금까지 보이지 않았던 이미지를 볼 수 있는 것입니다. X선의 에너지는 고에너지이지만 지구 대기의 영향을 받아 약해지기 때문에 지상까지 도달하는 양은 극히 일부입니다. 그러므로 우주에서 관측하는 것이 중요합니다.

X선을 이용한 블랙홀 발견의 역사

1970년 미국은 세계 최초로 X선 관측용 인공위성인 우후루 Uhuru(스와힐리어로 '자유'라는 뜻_옮긴이)를 발사합니다. 그리고 X선을 분석해 태양보다 무겁고 거대한 중성자별과 펄서가 X선의 발생원이라는 사실을 밝혀냅니다. 가시광선으로는 보이지 않았던 중성자별과 펄서를 X선으로 관측함으로써 지금까지 알 수 없었던 특징을 발견할 수 있게 된 것입니다.

그런데 X선의 데이터를 분석해 보니 지금까지의 연구로는 설명이 되지 않는 데이터가 나왔습니다. 바로 백조자리 X-1(Cygnus X-1)이라는 천체입니다. 백조자리 X-1을 아무리 자세히 분석해도 기존 천체의 특징에 전혀 들어맞지 않았던 것입니다. 여기에 관심을 가진 천문학자와 과학자들이 정밀하게 분석한 결과, 백조자리 X-1은 무언가를 중심으로 고속회전하고 있다는 것이 밝혀졌습니다. 하지만 중심에 있는 천체를 관측하려고 해도 거기서는 아무것도 발견되지 않았는데, 이것이 훗날 발견된 블랙홀입니다.

분석을 더 진행한 결과, 백조자리 X-1의 공전 속도는 태양의 약 30배 질량을 가진 물체가 자체 중력붕괴한 물체에 적합하다는 사실이 밝혀졌고, 그 블랙홀의 크기와 질량이 추정되었습니다. 이후 블랙홀의 연구가 진전되어, 2011년 8월에는 X선 관측 장치로 블랙홀로 추정되는 천체에 별이 빨려 들어가는 모습을 세계 최초로 관측합니다. 그리고 2019년 4월에는 블랙홀의 윤곽인 블랙홀 그림자를 관측합니다. 블랙홀을 직접 관측하는 데 성공한 것입니다.

블랙홀은 어떻게 탄생했을까

우주에는 태양과 같은 별이 무수히 많습니다. 별의 성분은 수소이고 별은 수소의 거대한 집합체이며, 중력으로 둥글게 뭉쳐져 있습니다. 그리고 별의 중심에서는 수소끼리 융합해 막대한 에너지를 방출합니다. 이 핵융합 에너지가 중력으로 별을 눌러 압축하는 힘에 반발하면서 별의 형태를 유지하고 있습니다.

태양보다 압도적으로 무거운 별은 수소가 헬륨으로 융합하고, 헬륨이 탄소나 산소로 융합해 마지막에는 철이 만들어집니다. 철은 핵융합으로 에너지를 방출하지 않기 때문에 더 이상 핵융합은 일어나지 않습니다. 따라서 별은 안쪽에서 반발하는 힘을 잃어버립니다.

반발하는 힘을 잃어버린 별은 빛의 4분의 1 속도로 그야말로 한순간에 수축하고 맙니다. 수축은 별의 중심에서 튕겨 되돌아오고 반동으로 별은 단번에 물질을 방출하는데, 이것이 초신성 폭발입니다. 이때 별의 크기가 태양의 10~20배 정도가 되면 폭발 후에 중성자별이 남습니다. 그리고 별의 크기가 태양의 30배 이상이 되면 초신성 폭발 후에 블랙홀이 생성됩니다.

블랙홀의 중심

블랙홀은 말 그대로 검은 구멍으로, 빛을 전혀 내지 않습니다. 눈에 보이는 것은 사건의 지평선이고, 지평선의 건너편은 볼 수 없습니다. 사건의 지평선보다 안쪽에서 블랙홀을 탈출하려면 빛보다 빠른 속도가 필요합니다. 요컨대 블랙홀에서 탈출하는 것은 불가능하다는 뜻입니다. 그렇다면 블랙홀의 중심은 어떻게 되어 있을까요?

블랙홀의 중심은 특이점으로 불리는데, 특이점은 밀도가 무한대입니다. 부피가 없는 점에 모든 질량이 집중되어 있습니다. 하지만 이것은 일반상대성이론상의 예측이며, 실제로 블랙홀의 안쪽이 어떻게 되어 있는지는 알 수 없습니다. 블랙홀의 중심을 알고 싶다면 실제로 블랙홀에 들어가 보면 됩니다. 블랙홀에 들어가는 사람을 밖에서 보면, 서서히 느리게 떨어지다가 결국에는 멈추고 빨갛게 되어 사라집니다. 블랙홀에 떨어지고 있는 사람 본인은 자기 주위의 시간이 점점 빨라지는 미지의 놀이기구를 경험할 수 있습니다.

블랙홀에 떨어지면 '중력 세기의 차이'가 점점 커집니다. 처음에는 1m 정도로 느껴지던 중력 세기의 차이는 10cm, 1cm로 점점 폭이 작아집니다. 이를 기조력이라고 합니다. 기조력으로 다리와 머리가 당겨지기 시작하고, 블랙홀의 중심에 가까워질수록 점차 그 힘이 강해져 몸이 찢기고 맙니다. 이후로도 중력의 차이는 강해져 분자의 결합을 떼어 놓고, 원자를 분해하며, 소립자까지 분해합니다.

블랙홀의 종류

블랙홀에는 두 가지 유형이 존재합니다. 회전하는 블랙홀과 회전하지 않는 블랙홀입니다. 회전하는 블랙홀에서는 에너지를 추출할 수 있습니다. 벌린 다리를 오므리면 회전이 빨라지는 스케이트 선수와 마찬가지로, 원래 커다란 별이 쪼그라든 블랙홀의 회전은 초고속입니다. 그런데 일반상대성이론이 설명하는 블랙홀은 부피가 없는 점이며, 그 점에 한해서는 회전할 수 없습니다.

한편 끈이론으로 블랙홀을 설명하면, 블랙홀의 중심은 부피가 없는 선이 고무줄처럼 되어 있습니다. 이 고무줄이 상상을 초월하는 속도로 회전합니다. 그 속도가 너무나도 빨라서 주위의 시공간을 끌어들여 회전합니다. 회전하는 시공간의 속도는 빛의 속도 이상입니다. 블랙홀의 회전에 끌려들어가는 시공간의 속도가 광속을 넘는 영역이 앞에서 말한 작용권입니다. 블랙홀의 회전 속도가 빠른 경우, 작용권은 사건의 지평선보다 바깥쪽에 있기 때문에 작용권에 진입해도 거기서 나올 수 있습니다. 작용권과 작용권 바깥쪽 시공간의 속도 차이는 빛의 속도 이상입니다. 그런데 시공간 안의 물질과 전자기파는 빛의 속도 이상으로 움직일 수 없습니다. 따라서 작용권에 진입한 물질과 전자기파는 작용권 때문에 억지로 움직입니다. 작용권에 진입하기만 해도 블랙홀의 회전 에너지를 받을 수 있는 것입니다.

블랙홀이 가진 에너지는 은하에 존재하는 모든 항성이 수십억 년 동안 발생시키는 양과 비슷합니다. 블랙홀의 에너지를 추출할 수 있다면 그야말로 무한정의 에너지를 손에 넣을 수 있습니다.

블랙홀에 얽힌 문제

무한대의 에너지가 기대되는 블랙홀도 한편으로는 인류에게 커다란 문제를 안겨줍니다. 바로 '블랙홀 정보 역설'입니다. 역설을 이해하기 위해 차례대로 살펴보겠습니다.

여기서 말하는 '정보'는 양자역학에서의 정보를 말하며, 한마디로 말해 입자의 배열 방식입니다.

아름다운 광택으로 사람을 매료시키는 다이아몬드. 다이아몬드는 탄소로 되어 있습니다. 마찬가지로 탄소로 되어 있는 것이 있습니다. 바로 화력 발전에 사용하는 석탄입니다. 석탄과 다이아몬드는 모두 단 하나의 원소인 탄소로 되어 있지만, 석탄과 다이아몬드는 완전히 다른 물질입니다. 이 차이를 만들어내는 것이 바로 탄소의 배열 방식입니다. 탄소(원소 기호 C)는 그 배열 방식의 차이만으로 다이아몬드가 될 수도, 석탄이 될 수도 있습니다. 배열 방식을 결정하는 것이 바로 정보입니다. '탄소를 어떻게 배열할 것인가'라는 정보가 다이아몬드인지 아니면 석탄인지를 결정짓습니다.

다이아몬드가 특수하다는 것은 아닙니다. 매일 사용하는 스마트폰, 오늘 먹은 점심, 그리고 우리는 모두 세포로 이루어져 있고, 그 세포 모두 잘게 쪼개다 보면 분자가 됩니다. 분자 또한 원자로 구성되어 있습니다. 원자는 양성자와 중성자로 되어 있고, 양성자와 중성자는 소립자의 배열 방식으로 성질이 결정됩니다. 즉, 우주의 거의 모든 물질은 양자로 구성되어 있으며 양자 배열 방식의 차이로 지구, 집, 차, 음식, 인간 등이 만들어졌습니다. 이 배열 방식의 차이가 '정보'입니다. 정보가 없다면 우주의 모든 것은 똑같은 물질이 되고 맙니다.

문제 2 정보의 저장

양자역학 이론에서 정보가 사라지는 일은 없습니다. 예를 들어 여러분이 메모해 둔 수첩에 불을 붙여 태웠다고 치겠습니다. 수첩은 재가 되고, 원래 상태의 수첩으로 돌아오는 것은 절대 불가능합니다. 그런데 만일 타고 남은 재에 포함된 탄소를 하나하나씩 모으고, 불을 붙였을 때 타오르던 불꽃의 움직임과 열, 연기를 모두 정확하게 측정한다면 이론적으로는 여러분이 매일 메모한 수첩을 그대로 재구축할 수 있습니다. 수첩을 태웠다고 해도 수첩의 정보는 소멸하지 않는 것입니다.

세상의 모든 현상도 마찬가지입니다. 이 우주에서 발생하는 모든 현상은 양자의 상호작용에 따른 것입니다. 현존하는 우주의 모든 정보를 손에 넣는다면 모든 현상은 계산으로 만들어낼 수 있습니다. 현재 우주의 정보를 모두 손에 넣는다면 빅뱅에 이르는 우주의 역사를 모두 볼 수 있습니다. 이 원칙은 현대물리학의 가장 기본적인 원칙입니다. 다시 말해, 정보가 저장되는 것을 전제로 현대물리학이 구축된 것입니다. 정보가 저장되지 않을 경우, 100년 이상 계속 연구해 온 현대물리학은 뿌리부터 무너져내려 맨 처음부터 다시 시작해야 합니다.

정보의 저장을 이해하면 다음과 같은 궁금증이 생깁니다. '블랙홀에 빨려 들어간 물체의 정보는 어떻게 될까?' 블랙홀에는 전자기파 등 모든 것을 일체 되돌릴 수 없는 경계인 사건의 지평선이 존재합니다. 이 경계가 존재하기 때문에 블랙홀의 내부가 어떻게 되어 있는지는 알 수 없습니다.

블랙홀과 블랙홀 바깥 세계는 완전히 분리되어 있습니다. 블랙홀에 물체가 떨어졌을 경우 그것을 꺼내는 것은 영원히 불가능합니다. 정보도 마찬가지입니다. 블랙홀에 떨어진 물체에 포함되어 있던 정보는 영원히 블랙홀에 들어가 있습니다. 다만, 그것은 문제가 되지 않습니다. 아무리 한번 들어가면 빠져나올 수 없는 블랙홀이라고 해도 그것은 우리 우주의 일부입니다. 만약 블랙홀에 떨어진 정보가 블랙홀에서 계속 존재한다면 정보는 저장되어 있는 셈이 됩니다.

그런데 1974년 스티븐 호킹이 제창한 호킹복사 때문에 문제가 발생합니다. 빨아들이기만 하는, 영원한 존재로 여겨졌던 블랙홀이 사실 수명이 있다는 사실이 밝혀진 것입니다. 공간에는 양자요동이 존재하고, 에너지로부터 쌍을 이루는 입자가 만들어졌다가 사라지는 현상이 일어납니다. 이 현상이 블랙홀에 있는 사건의 지평선의 정확히 경계에서 발생한 경우, 한쪽의 입자만 블랙홀에서 탈출할 가능성이 있습니다. 이로써 블랙홀은 조금씩 에너지를 방출하며 오므라듭니다. 이를 호킹복사라고 합니다. 블랙홀은 호킹복사로 인해 조금씩 작아지다가 결국에는 작은 전자기파를 방출하면서 사라지고 맙니다. 게다가 까다롭게도 호킹복사에는 정보가 포함되어 있지 않습니다. 즉, 지금까지 블랙홀이 빨아들여 온 모든 것은 에너지가 되어 방출되고 정보는 소멸하고 마는 것입니다. 만일 정보가 보존되지 않고 소멸해 버린다면 현대물리학은 붕괴합니다. 이것이 '블랙홀 정보 역설'입니다.

현대물리학이 제시하는 호킹복사가 옳을 경우, 정보가 저장되지 않으므로 현대물리학은 처음부터 붕괴되고 애초에 호킹복사를 설명할 수 없게 됩니다. 이 역설을 해결할 방법은 있을까요?

'블랙홀 정보 역설'은 해결할 수 있을까

블랙홀 정보 역설을 해결하는 데에는 유명한 몇 가지 패턴이
있습니다.

1 결국 정보는 저장되지 않고 사라진다

이 경우 현대물리학은 모두 백지로 돌아가고 물리 법칙을
처음부터 재구축해야 합니다. 인류가 이제까지 발전시켜 온
연구는 전부 허사였다는 결론이 됩니다. 유일한 희망이라면,
백지 상태에서 물리 법칙을 생각하는 즐거움이 남아 있다는
정도일까요?

2 정보는 다른 우주에 저장된다

블랙홀의 일부가 분리되어 다른 우주를 만들고, 정보는 그
곳에 저장된다는 패턴입니다. 이는 아인슈타인-카르탕 이론
에서 예측되었는데, 이것이 옳다면 현대물리학은 붕괴하지
않습니다. 하지만 문제도 있습니다. 아인슈타인-카르탕 이
론과 일반상대성이론은 고밀도인 블랙홀의 중심을 각각 다
른 해解로 설명합니다. 요컨대 정보는 저장되지만 다른 우주
에 갇힌 정보를 우리가 다시 접근하거나 꺼낼 수는 없습니

다. 이 방법으로 역설을 해결한다고 하더라도 그다지 유익하지는 않습니다.

3 **결국 정보는 저장되어 있다**

블랙홀에 던져진 정보는 사실 사라지지 않고 남아 있다는 패턴입니다. 원리는 블랙홀의 특징 자체입니다.

블랙홀을 만드는 방법은 간단합니다. 절대 망가지지 않는 둥근 용기를 준비합니다. 용기 안에 물질을 점점 채웁니다. 용기는 언젠가 가득 차고 더 이상 아무것도 넣을 수 없게 됩니다. 그런데 더 이상 들어갈 리 없는 용기에 억지로 아주 약간의 물질을 밀어 넣는다면 어떻게 될까요? 이때 블랙홀이 탄생합니다.

블랙홀은 이렇게 만들어지므로 블랙홀의 용량은 이미 정해져 있습니다. 거기에 억지로 물질을 집어넣으면 블랙홀은 집어넣은 물질만큼 크기가 커지고 아주 약간 표면적이 늘어납니다. 요컨대 정보의 양은 블랙홀의 표면적으로 나타낼 수 있는 것입니다. 그리고 블랙홀에 물질을 던져 넣으면 연못에 던진 돌멩이가 만드는 파동처럼 블랙홀의 표면을 변화시키고 거기에 정보를 저장합니다.

이 말이 옳다면 블랙홀의 기억 용량은 엄청납니다. 관측된 가장 작은 블랙홀만 해도 지구에 인류가 탄생한 이래 현재까지의 모든 정보를 저장할 수 있습니다. 이 정보를 모두 추출한다면 인류 탄생부터 현재까지를 재구축할 수 있습니다. 이를 '홀로그램 원리'라고 합니다.

홀로그램 원리가 옳다면 정보가 저장된 블랙홀의 표면에서 발생하는 호킹복사를 통해 블랙홀의 정보를 꺼낼 수 있으므로 블랙홀 정보 역설은 해결됩니다.

홀로그램 원리의 과제

하지만 홀로그램 원리에는 복잡한 문제가 있습니다. 이 문제를 직관적으로 이해하기는 어려운데, 굳이 표현하자면 다음과 같습니다.

우리가 사는 우주는 3차원 공간인데, 블랙홀 표면은 2차원입니다. 우주의 정보는 모두 2차원에 저장되어 있는 셈인데, 이 구조가 홀로그램입니다. 블랙홀의 안쪽은 3차원이고, 안으로 들어가도 우리 우주와 아무런 차이가 없습니다. 그러나 블랙홀을 바깥에서 보면 블랙홀은 단순한 2차원의 면입니다. 블랙홀은 너무나 극단적으로 특별한 천체이지만, 똑같은 우주의 기본 법칙에 따라 움직입니다. 따라서 2차원의 블랙홀로 들어가면, 우리와 똑같이 3차원으로 인식하게 됩니다. 바꿔 말하면, 만일 홀로그램 원리가 옳은 경우, 우리는 우주를 3차원이라고 인식하고 있지만 사실은 2차원이라는 것을 깨닫지 못하고 있는 셈이 됩니다. 블랙홀 안에 있는 사람이 3차원이라고 느끼듯이, 사실 우주의 표면은 2차원이고 우리가 사는 우주는 2차원이 투영된 3차원의 공간이라는 뜻입니다. 우주를 구성하고 있는 것은 에너지와 물질이 아니라, 단순한 2차원인 면에 기억된 정보 자체입니다.

블랙홀 정보 역설 이외에도 물리학에는 다양한 역설이 존재합니다. 물리학뿐만 아니라 우리 주위의 모든 현상에는 역설이 존재합니다. 평소에 우리가 옳다고 생각해 습관적으로 하는 행동은 미처 인지하지 못한 많은 문제를 내포하고 있습니다. 우리가 아무렇지도 않게 하는 행동과 생각의 역설을 찾아내어, 문제를 해결해 나가는 것이 우리 스스로를 크게 성장시킬 것입니다.

암흑물질

암흑물질. 오랜 시간 우주를 계속 연구하고 있는 인류가 아직 규명하지 못한 에너지 중 하나입니다. 망원경으로 아무리 관찰해도 정체를 드러내지 않는 한편, 우주와 은하를 이해하려면 반드시 규명해야 하는 미지의 에너지입니다. 암흑물질의 정체와 현재 진행되고 있는 암흑물질의 연구에 관해 상세히 소개하겠습니다.

암흑물질의 발견 과정

실감이 되는지 안 되는지는 차치하더라도 우리가 일상에서 눈으로 보고 느끼는 것의 대부분은 물질입니다. 우리는 질소와 산소를 흡입하고, 물을 마시며, 스마트폰으로 동영상을 보고 있습니다. 이 모든 물질은 잘게 쪼개다 보면 분자가 되고, 원자가 되고, 소립자로까지 분해할 수 있습니다. 그렇다면 물질과 다른 빛은 어떨까요?

오랫동안 인류는 빛의 정체를 밝혀내려고 했습니다. 그 결과 빛은 전자기파이며, 전자기파의 정체는 광자라는 사실을 발견합니다. 이처럼 관찰 가능한 물질과 가시광선, X선을 이론적으로 계산하다 보면 인류는 우주의 모든 것을 규명할 수 있으리라 생각했습니다. 하지만 1930년 무렵부터 그동안 알려진 우주의 물질만으로는 설명이 되지 않는 현상이 잇달아 분명해집니다.

1933년, 스위스의 천문학자 프리츠 츠비키는 은하가 모인 은하단 안의 은하 각각의 움직임을 관찰하고 그 결과를 비리얼 정리의 계산 결과와 비교하는 연구를 진행했습니다. 비리얼 정리란 입자가 움직이는 범위가 유한할 때 입자의 운동과 질량, 좌표를 계산할 수 있는 편리한 관계식입니다. 그런데 츠비키가 은하단에 있는 은하의 움직임을 계산했더니, 비리얼 정리의 계산 결과와 전혀 일치하지 않는다는 것이 밝혀졌습니다. 오차는 약 400배로 너무나 컸습니다. 망원경으로 관찰한 은하와 은하단은 계산에서 산출된 질량의 400분의 1 정도에 불과했던 것입니다.

이후 망원경 기술의 발달과 X선 천문학의 발달로 기존에는 관측 불가능했던 은하간물질 등을 포함한 천체가 발견되면서, 비리얼 정리와 관측 결과의 차이는 조금 줄어들었습니다. 이대로 관측 기술이 향상된다면 언젠가 비리얼 정리와 관측 결과가 일치할 것이라고 예상하던 중에 새로운 문제가 떠오릅니다. 바로 '은하가 왜 은하의 형태로 존재하고 있는 가'라는 것입니다.

먼저 태양계를 살펴보겠습니다. 태양계의 중심에는 태양이 있고, 태양 주위를 행성과 왜행성, 소행성이 공전합니다. 움직이고 있는 것은 태양 이외의 천체뿐만 아니라, 상호작용하는 중력 때문에 태양도 다른 행성에 끌려 움직입니다. 그러나 태양의 중량이 너무나 커서 태양의 위치는 거의 변하지 않고 행성이 태양 주위를 회전합니다. 태양의 질량은 태양계 전체의 99.86%입니다. 태양은 공전하는 천체를 무시할 수 있을 정도로 태양계에서 압도적인 힘을 갖고 있습니다.

이번에는 행성의 움직임을 자세히 살펴보겠습니다. 각 행성은 태양과 행성의 중력과 원심력이 균형을 이루어 태양의 주위를 회전합니다. 그리고 회전속도는 케플러의 제2법칙으로 산출할 수 있습니다. 태양에서 가장 가까운 행성인 수성의 궤도속도는 초속 47.36km이고, 공전 주기는 88일입니다. 수성보다 태양에서 먼 지구의 궤도속도는 초속 30km이고, 공전주기는 약 365.25일입니다. 태양에서 가장 먼 행성인 해왕성의 궤도속도는 초속 5.43km로, 공전 주기는 약 165년입니다. 즉, 태양에서 멀수록 궤도속도가 느리고 공전 주기가 깁니다. 이를 회전 곡선이라고 합니다. 중심 천체에서 떨어질수록 속도는 줄어들어, 세로축을 속도로 하는 그래프에서는 선이 오른쪽으로 내려갑니다.

그렇다면 은하는 어떨까요? 은하도 태양계처럼 중심에는 압도적 질량을 가진 블랙홀을 중심으로 1조 개의 천체가 공전합니다. 물리학자들은 은하도 태양계와 마찬가지로 은하의 중심에 가까운 항성일수록 궤도속도가 빠르고, 먼 항성일수록 느리다고 여겼습니다. 그러나 관측 결과, 중심에서 가까운 항성이든 먼 항성이든 거의 같은 궤도속도로 이동하고 있다는 사실이 밝혀졌습니다.

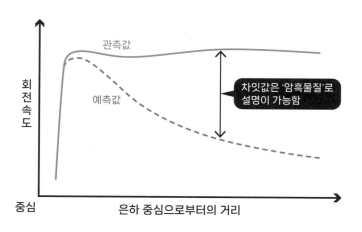

회전 곡선의 예측값과 관측값

관측값

예측값

회전속도

차잇값은 '암흑물질'로 설명이 가능함

중심

은하 중심으로부터의 거리

천체의 궤도는 단순히 공전의 중심과 회전하는 천체만의 관계가 아닙니다. 항성과 항성, 항성과 중성자별 등 각 천체의 중력을 고려할 필요가 있습니다. 그러나 이것들을 고려한다고 해도 태양계의 회전 곡선과는 거리가 먼 그래프를 그려냅니다. 이 결과로부터 말할 수 있는 것은 현재 과학으로 관측할 수 없는 미지의 물질이 존재한다는 사실입니다. 물리학에서는 발견되지 않은 힘이나 물질에 '암흑'을 붙이는 관례가 있습니다. 따라서 은하의 구조를 유지하고 있지만 현재도 발견되지 않은 미지의 물질이라는 의미를 담아 '암흑물질'이라는 이름을 붙였습니다.

은하 안에서 암흑물질은 어떻게 분포하고 있을까요? 먼 은하와 가까운 은하를 비교함으로써 암흑물질이 분포한 모습을 알 수 있습니다. 거리가 멀수록 전자기파가 도달하는 데 시간이 걸리기 때문에 과거의 은하를 관찰할 수 있습니다.

다음의 사진을 살펴보면 왼쪽은 현재의 은하, 오른쪽은 100억 년 전의 은하입니다. 그리고 빨간 부분이 암흑물질입니다. 이 사진은 시각적으로 알기 쉽도록 약간 과장한 면이 있지만, 암흑물질의 분포를 이해하기에는 최적입니다. 100억 년 전 은하는 은하 전체에 암흑물질이 분포했고 그 영향이 거의 없었기 때문에 바깥쪽(은하 바깥쪽 테두리에 가까운 영역. 중

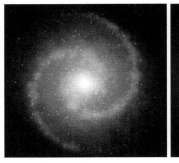 

현재의 은하   100억 년 전 은하

심부에서 비교적 떨어진 영역)의 회전은 속도가 느립니다. 반면에 현재의 은하는 암흑물질이 중심부에 모여들어 바깥쪽의 회전 속도가 빠릅니다. 이 결과로부터 암흑물질은 탄생 직후의 은하 전체에 확산되었다가, 시간이 지나면서 은하의 중심부를 향해 떨어진다는 사실을 알 수 있습니다. 이 암흑물질 때문에 항성계를 설명하는 회전 곡선으로는 은하를 설명할 수 없습니다.

암흑물질의 존재와 분포를 보여주는 것이 은하의 회전 곡선뿐만은 아닙니다. 예를 들면 중력 렌즈가 있습니다. 아인슈타인은 질량이 시공간과 상호작용한다는 것을 하나의 공식으로 나타냈습니다. 바로 일반상대성이론입니다. 은하와 천체의 질량으로 주변의 시공간이 뒤틀리고 빛이 굴절되는 것처럼 관찰됩니다. 암흑물질은 전자기파와 상호작용하지 않지만, 중력과 상호작용한다는 사실이 밝혀졌습니다. 따라서 이미 알려진 우주의 3차원 지도와 먼 곳으로부터 도달하는 빛을 대조해 보면, 암흑물질이 어떻게 분포되어 있는지를 알 수 있습니다. 실제로 미국·유럽·일본의 국제 연구팀은 먼 곳으로부터 오는 전자기파와 중력 렌즈 효과를 관찰해 암흑물질의 3차원 지도를 만들었습니다.

이 밖에도 우주배경복사, 우주의 구조, Ia형 초신성의 거리 측정, 적색편이와 공간의 뒤틀림, 라이먼 알파 숲의 관측 등으로 얻어진 결과는 모두 암흑물질의 존재와 분포를 뒷받침하며, 그 결과에 따른 암흑물질의 물리적 성질은 일치합니다. 암흑물질은 우리 우주에 분명 존재하고 있는 것입니다.

암흑물질의 후보

현재 우주가 가진 에너지 중에서 인류가 발견한 것은 물질과 광자, 그리고 힉스이며, 모든 것을 합치더라도 전체의 5% 정도에 불과합니다. 한편 암흑물질은 전체의 27% 정도 존재합니다. 오랫동안 우주를 연구하고 있는 우리가 앞으로 우주를 계속 관찰한다고 해도 현재의 기술로는 우주의 5%밖에 알 수 없습니다. 암흑물질에 관해 현재 알려진 사실은 다음의 세 가지뿐입니다.

① 일반 입자는 아닙니다.

　일반적인 입자라면 검출이 가능합니다.

② 반물질도 아닙니다. 반물질이라면 물질과 충돌했을 때

　소멸하면서 강력한 감마선을 방출합니다.

③ 블랙홀도 아닙니다.

　블랙홀이라면 주위에 더 강력한 영향을 미칩니다.

　암흑물질의 후보가 있는데, 두 가지 설이 유력합니다. 하나는 전자의 10억분의 1로 압도적으로 가벼운 소립자인 '액시온'입니다. 다른 하나는 'WIMP(윔프)'입니다. 이는 곧 약력을 가진 거대 입자가 존재할 가능성이 있다는 뜻입니다.

암흑물질 후보 1　액시온

　액시온이란 '강한 CP 문제strong CP problem'를 해결할 수 있는 '페차이-퀸 이론Peccei-Quinn theory'에 나오는 미발견 소립자입니다. 어려워 보이지만 쉽게 이해할 수 있습니다.

　우주 탄생 초기에는 물질과 반물질이 정확히 절반씩 존재

했을 것입니다. 원래대로라면 물질과 반물질은 서로 부딪혀 강렬한 에너지인 감마선을 방출하면서 소멸하므로 현재의 우주는 전자기파만이 떠도는 적막한 공간이어야 합니다. 이 것을 'CP 대칭성'이라고 합니다. 하지만 현재의 우주는 물질로 가득 차 있으며 은하와 항성, 행성이 빼곡합니다. 즉 어떠한 이유로 물질이 사라지지 않고 남은 것인데, 그 이유 중 일부를 설명하는 것이 'CP 대칭성 깨짐'입니다.

CP 대칭성을 설명할 때 일부 모순이 발생합니다. 원래 깨져 있어야 할 CP 대칭성이 성립되고 있는 것처럼 보이는 소립자 물리학의 문제입니다. 이를 '강한 CP 문제'라고 합니다. 이 모순을 해결하는 것이 액시온이라는 미발견 소립자입니다. 액시온은 전자의 10억분의 1로 초경량인데, 질량이 있고 전자기파와 상호작용하지 않습니다. 그야말로 암흑물질의 특징에 딱 들어맞습니다.

액시온은 전자기파와 상호작용하지 않지만, 강한 자기장 안에서만 광자와 상호작용할 가능성이 있습니다. 이에 현재 세계 각국의 연구 기관은 초전도를 사용한 초강력 자기력을 사용해 액시온을 검출하는 연구를 활발히 진행 중입니다.

WIMP

암흑물질의 또 한 가지 후보는 WIMP입니다. WIMP는 액시온에 비해 더 암흑물질다운 존재입니다. 무게는 전자의 100만 배로, 초중량급입니다. 이것이 어느 정도의 무게인가 하면, WIMP 알갱이 하나가 구리나 은의 원자와 같습니다. 또 포도당의 분자나 힉스입자와 같은 정도의 질량입니다.

WIMP는 매우 무거운 입자인데, 강력, 약력, 전자기력, 중력의 네 가지 기본 힘 중에 상호작용하는 것은 약력과 중력, 두 가지뿐입니다. 따라서 자기장이나 가시광선을 사용해서 관측할 수는 없습니다. 그야말로 암흑물질입니다.

액시온과 마찬가지로 헤비급 입자를 알아보기 위해 두 가지 대형 실험이 진행 중입니다. 바로 WIMP의 검출과 WIMP의 생성입니다.

WIMP 검출

암흑물질은 우리 주위에 넘쳐나는 물질의 5배나 존재하고 있습니다. 이 정도로 양이 많다면, 지금 이 순간에도 여러분

주위에 많은 암흑물질이 존재하고 있을 가능성이 큽니다. 이처럼 우리 주위에 대량으로 존재하고 있을 암흑물질을 검출하겠다는 것이 하나의 대형 실험입니다.

캐나다 온타리오주 북부 지하 2,000m 아래에는 완전한 구체의 실험 장치가 묻혀 있습니다. 이 구체는 암흑물질의 흔적을 놓치지 않기 위해 24시간 쉬지 않고 데이터를 계속 뽑아냅니다. 암흑물질은 전자기파와 상호작용하지 않지만 중성미자와 마찬가지로 드물게 물질과 상호작용할 가능성이 있습니다. 그래서 액체 아르곤을 사용합니다. 아르곤은 매우 감도가 높아서 순도를 끝까지 올릴 수 있는 물질입니다. 구체 장치 안에 고순도의 아르곤을 가득 집어넣고 주위에 검출기를 설치합니다.

암흑물질과 중성미자의 검출에서 가장 큰 차이점은 암흑물질이 물질에 충돌하는 빈도입니다. 초고에너지인 중성미자도 세계 최대의 중성미자 관측소가 감지하는 빈도는 연간 10개 정도입니다. 그런데 암흑물질은 이보다 더 상호작용하기 어려워서 검출기의 감도를 올릴 필요가 있습니다. 하지만 감도를 올리면 암흑물질이 아르곤과 반응한다고 해도 노이즈noise(우주배경복사의 영향)에 묻혀 검출할 수 없습니다.

암흑물질을 검출하려면 모든 노이즈를 침입하지 못하게 만들어야 합니다. 가시광선 등의 전자기파나 α선 등의 고속 입자 등 모든 방사선을 차단해야 합니다. 그래서 산을 파거나 폐광을 사용하는 등, 암흑물질 검출 장치를 포함한 연구소를 통째로 지하 깊숙이 설치합니다. 장치 자체에도 꼼꼼하게 전자기파 대책을 세워서 외부로부터 절대 전자기파가 침입하지 못하도록 설계되어 있습니다. 모든 노이즈로부터 차단된, 용기 안쪽으로 들어올 수 있는 것은 암흑물질밖에 없는 극한의 상태입니다. 암흑물질이 용기 안으로 들어와 아르곤과 상호작용하면 광자나 거품이 발생합니다. 광자나 거품을 감지하는 초고감도 센서가 암흑물질의 검출을 계속 기다리고 있습니다.

암흑물질 연구는 헛수고일까

암흑물질을 만드는 실험도 진행되고 있습니다. 암흑물질 후보 중 WIMP의 무게는 힉스입자보다 약간 무거운 정도일 것입니다. 이에 힉스입자를 만드는 것과 마찬가지로, 세계 최대 강입자 가속기인 LHC로 양성자끼리 서로 부딪치게 하는 실험을 계속하고 있습니다. 한 바퀴가 100km 정도 되는, LHC 출력량의 네 배인 가속기 건설 계획도 진행 중입니다.

이처럼 암흑물질이라는 정체를 알 수 없는 것의 검출과 생성에 막대한 자금이 투입되고 있으며, 많은 연구자가 관여하고 있습니다.

작은 입자를 발견하기 위해 수행하는 거대 프로젝트는 효율이 낮아 헛수고처럼 느껴질 수 있지만, 그렇지 않습니다. 여러 차례 소개했듯이 우리 인류는 지구를 포함한 전체 우주를 알기 위해 두 가지 이론을 만들어냈습니다. 하나는 중력을 설명하는 일반상대성이론이고, 다른 하나는 중력 이외의 세 가지 힘을 설명하는 양자역학입니다. 일반상대성이론과 양자역학의 연구가 진척되면서 우리는 우주의 과거를 알게 되었고 우리 주변의 기술 혁신이 빨라졌습니다. 그리고 우주의 수수께끼 대부분을 설명할 수 있게 되었습니다. 하지만 우리가 알고 있는 우주는 전체의 단 5%에 불과합니다. 암흑물질의 정체를 밝혀낸다면, 지금보다 5배의 우주를 알게 되어 그 수수께끼를 단번에 밝혀낼 수 있을지도 모릅니다. 이것은 그야말로 혁명입니다.

어둡고, 차가우며, 정체를 드러내지 않는 암흑물질. 미지의 에너지의 정체를 인류가 밝혀내는 날, 우주를 향해 품게 될 우리의 호기심은 우주에 존재하는 암흑물질의 비율 이상으로 커질 것입니다.

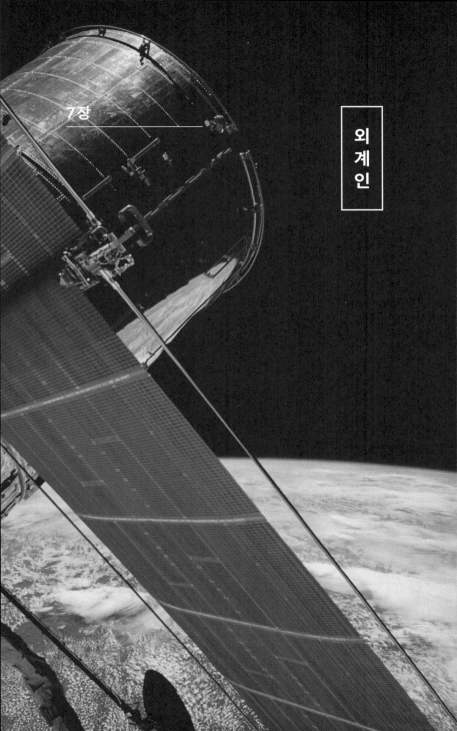

7장

외
계
인

우리는 왜 외계인과 만날 수 없을까

'유로파에서 미생물 발견!', '지구형 행성에서 동물 발견!', '은하계에서 인류의 지능을 뛰어넘는 지적 생명체의 유적 발견!'. 이런 뉴스가 나온다면 우리는 진심으로 흥분하며 관심을 기울이겠지요. 하지만 지구 밖 우주에서 생명체를 발견한다면 인류에게는 최악의 순간이 될 것입니다.

우주에 지구 외 생명체는 존재할까

서울에서 뉴욕까지 비행기로 14시간. 인간에게 지구는 거대합니다. 하지만 지구는 거대한 태양계 중 극히 일부이며 태양계에서는 매우 작은 존재입니다. 거대한 태양계 역시 거대한 우리은하 안에서는 모래알보다 작디작은 존재입니다.

일설에는 우리은하에 3,000억 개의 항성이 있고, 그중 생명이 존재할 수 있는 행성은 100억 개가 있다고 합니다. 그렇다면 아무리 보수적으로 견적을 내더라도 우주에 생명이 없을 리가 없습니다. 하지만 우리는 지구 외 생명체를 발견하기는커녕 그 흔적조차 아무것도 발견하지 못합니다.

'광활한 우주에 생명체는 정말로 우리뿐일까?'

'지구 외 생명체는 어디에 있을까?'

'왜 인류는 지구 외 생명체를 발견하지 못할까?'

이런 의문에 한 가지 대답이 문득 떠오릅니다. 바로 '우주 어딘가에 생명이 탄생했어도, 지구까지 연락 수단이 없어 발견하지 못한 것일 뿐'이라는 것입니다. 하지만 이러한 생각은 큰 착각입니다. 이유는 생명 진화의 원칙 때문입니다.

우리 지구에 사는 생명은 진화에 따라 거주 영역을 넓혀왔습니다. 즉, 생명의 진화란 거주 영역을 넓히는 것이기도 합니다. 지금으로부터 36~38억 년 전에 지구에 생명이 탄생했고, 10억 년 전 이미 바다에는 다종다양한 생명으로 넘쳐났습니다. 또 지금으로부터 4억 년 전에는 생명이 새로운 거주 영역을 찾아내어 뭍으로 올라옵니다. 뭍으로 올라온 생명은 진화를 계속하고, 250만 년 전에 사람의 조상이 탄생합니다. 이후 기술이 발달하면서 지구 자원의 80%를 사용할 수 있게 되었고, 우주로 도약하는 데까지 성장했습니다. 바다에서 육지로 거주 영역을 확장하고, 기술을 손에 넣었으며, 다음 진화는 태양계 행성으로 넓어집니다. 그리고 태양계의 자원을 사용할 수 있는 기술을 손에 넣는다면 다음에는 반드시 태양계의 바깥인 은하의 별들로 영역을 확대할 것입니다. 이것은 지구 이외의 우주에서 태어난 생명도 마찬가지입니다. 행성에서 진화한 생명은 항성계, 그리고 은하계로 거처를 넓혀 갈 것입니다.

페르미 역설

우주의 나이는 138억 년입니다. 은하계의 생명이 살 수 있는 100억 개의 행성 어딘가에 생명이 탄생했다면, 우리보다 원시적인 생명 혹은 훨씬 기술이 진보한 생명이 있을지도 모릅니다. 만일 이 100억 개의 행성 어딘가에 생명이 탄생했다면, 은하계를 자유롭게 이동할 수 있는 생명이 틀림없이 존재할 것입니다. 하지만 아무리 찾아봐도 지구 외의 행성에서 생명체는 흔적조차 발견되지 않습니다. 이것을 '페르미 역설'이라고 합니다.

우리가 분명히 존재하고 있을 지구 외 생명체와 만나지 못한 이유는 두 가지가 있습니다. 하나는 애초에 생명의 탄생 자체가 굉장히 드문 일이라, 우주에는 지구 이외에 전혀 생명이 탄생하지 않았다는 이유입니다. 은하계만 해도 생명이 존재 가능한 행성이 100억 개나 있는데, 때마침 지구에만 생명이 탄생했을까요? 이는 그다지 현실적이지 않습니다. 또 다른 이유는 '그레이트 필터'입니다. 그레이트 필터는 행성의 운석 충돌이나 자연재해 등과 같은 간단한 문제가 아닙니다. 재해로 인해 지구 대부분의 생명이 멸망한다고 해도, 수만 년 후에는 생명이 다시 진화할 수 있습니다. 수만 년이라는 것은 우주의 나이로는 지극히 짧은 시간에 불과합니다. 생명이 진화하는 과정에서 반드시 부딪히는 장벽이 있고, 생명은 그 장벽을 절대로 뛰어넘을 수 없다는 것. 그레이트 필터는 이처럼 생명을 근절시키는 장벽입니다.

문제는 그레이트 필터가 '어디에 있는가'입니다. 그레이트 필터가 과거에 존재했다면 우리는 우주 안에서 기적적으로 그레이트 필터를 유일하게 뛰어넘은 존재입니다. 이렇게 되면 미래는 매우 밝아집니다. 우주에서 유일한 존재가 되어 앞으로도 계속 진화해 나갈 수 있기 때문입니다. 반면에 그레이트 필터가 미래에 있는 경우는 최악입니다. 우리는 언젠가 멸망을 맞이할 것이 분명하기 때문입니다.

그레이트 필터와 인류 멸망 시나리오

그레이트 필터가 어디에 있는지를 추정하려면 지구 외 생명체의 존재가 중요합니다. 그리고 발견한 지구 외 생명체의 지능 수준이 높을수록 인류 멸망의 위험도는 높아집니다. 예를 들어 화성에 미생물이 발견된 경우, 광활한 우주에 생명이 탄생한 곳은 지구뿐만이 아닌 것이 확실해집니다. 이 장 앞머리에도 소개했지만, 우리은하만 해도 생명이 존재 가능한 행성이 100억 개가 있습니다. 따라서 은하의 모든 곳에서 생명이 탄생한 것이 됩니다.

138억 년이라는 긴 우주의 역사에 만약 지구보다 '단 1억 년' 빨리 생명이 탄생했다면, 우리 인류를 훨씬 뛰어넘는 기술을 가진 생명도 몇백, 몇천, 몇만이나 존재할 것입니다. 또한 은하 내를 자유롭게 이동할 수 있는 기술을 가진 생명도 확률적으로는 반드시 존재해야 합니다. 하지만 현재로서는 은하에 사는 지적 생명체가 발견되지 않았습니다. 즉, 과거에 존재했다고 해도 그레이트 필터 때문에 멸망했다는 점을 시사합니다. 그렇게 되면 그레이트 필터는 적어도 화성에서 발견된 미생물 탄생 이후에 존재한 것이 됩니다.

다세포 생물로 변화하는 것이 장벽일까요? 지능을 갖는 것에 장벽이 있는 걸까요? 인간보다 진보한 기술을 가진 것에 장벽이 있는 걸까요? 지구 이외의 우주 생명체가 발견된 경우, 발견된 생명체의 진화 과정 이후에 장벽이 존재할 가능성이 큽니다. 그렇다면 만약 지구 이외에 인간보다 진보한 기술을 가진 생명체의 유적이 발견된 경우는 어떻게 될까요? 그레이트 필터는 반드시 미래에 존재하는 것이 되어, 인류 멸망이 확정될 것입니다.

애초에 그레이트 필터가 무엇인지는 알 수 없습니다. 하지만 그레이트 필터는 지능을 가진 생명의 숙명일지도 모릅니다. 생명을 근절할 수 있는 기술을 가졌을 때 스스로를 멸망시켜버리는 것일지도 모릅니다. 서로 핵무기를 발사하거나 회복 불가능한 환경 파괴로 행성에 살 수 없어지는 것 등 의도치 않게 자멸을 선택했을 경우도 생각해 볼 수 있습니다.

우주를 발견한 우리는 항상 똑같은 질문을 던집니다. '과연 우주에 존재하는 생명은 우리뿐일까?' 하고 말입니다. 그리고 지구 이외의 생명체를 발견하기 위해 계속해서 많은 탐사선을 우주로 보내고 있습니다.

　우리만 존재하는 우주는 매우 고독합니다. 하지만 우주에서 생명의 탄생은 기적이고, 우리가 고독한 존재라는 것이 인류에게는 행복일지도 모릅니다.

문명의 진화는 어디까지일까

'약 3,000억 개', 우리은하에 있는 항성 개수입니다. 항성을 도는 행성의 수는 총 8,000억 개 이상입니다. 최신 연구에 따르면 지구와 마찬가지로 생명이 존재할 수 있는 환경을 갖춘 행성은 100억 개라고 합니다. 그리고 지구와 환경이 거의 비슷한 행성은 3억 개 이상으로 보고 있습니다.

우주에 생명이 존재할 수 있는 행성이 많이 있는 한편, 우리는 아직도 지구 이외의 생명체와 만난 적이 없습니다. 이토록 거대한 은하에서 우리는 왜 외계인과 만나지 못하는 걸까요? 만약 존재한다면 어떤 모습일까요? 지금부터 지구 외 생명체의 '모습'을 생각해 보겠습니다.

'생명의 문명' 세 단계

우리은하의 크기는 지름 10만 광년입니다. 우주에서 가장 빠른 빛으로 나아간다고 해도 끝에서 끝까지 10만 광년이 걸립니다. 전자기파로 접촉해 보려고 해도 광활한 은하 안에서는 시간이 너무 많이 걸립니다. 애초에 지구인과 접촉하려는 생명은 없을지도 모릅니다. 지구 외 생명체는 지구인과 같은 원시적인 생명에는 관심이 없을지도 모릅니다. 우리 같은 생명체의 모습은 희귀한 것이고, 그들은 우리가 상상도 하지 못할 모습을 하고 있을지도 모릅니다.

지구 외 생명체가 있는지 없는지를 생각할수록 수수께끼가 깊어지는 가운데, 천문학자 니콜라이 카르다쇼프는 우주 문명을 몇 가지로 분류해, 지구 외 생명체의 모습을 표현했습니다. 바로 '카르다쇼프 척도'입니다.

지금으로부터 36~38억 년 전, 지구에 생명이 탄생합니다. 탄생한 지 30억 년 이상 걸려 지상에 진출한 생명은 진화를 가속합니다. 오랜 시간을 거쳐 진화한 생명. 그에 비하면 바로 최근인 200만 년 정도 전에 인류의 조상은 처음으로 돌을 사용해 사냥을 시작했습니다. 몇 명부터 몇십 명 정도의 인원으로 살아가던 사람들은 집단으로 사는 이점을 학습하고 촌락을 만들어 효율적으로 살아가기 시작합니다. 촌락의 단위는 점차 커져 현재 우리의 모습으로 성장했습니다. 카르다쇼프 척도는 이러한 지구 생명의 발자취를 토대로 생명의 문명을 크게 세 단계로 분류했습니다.

1단계: 행성의 자원을 사용해 활동하는 문명

2단계: 항성계의 자원을 사용해 활동하는 문명

3단계: 은하계의 자원을 사용해 활동하는 문명

1단계는 사냥을 해서 살아가는 문명부터 로켓을 만들어 우주여행을 할 수 있는 문명까지로, 차이가 너무 큽니다. 따라서 1단계는 다시 0~1.00으로 분류합니다. 현재의 지구는 0.72입니다. 우리는 화석 연료 대부분을 채굴하고, 우라늄과 플루토늄으로부터 에너지를 추출할 수 있습니다. 하지만 행성의 자원은 유한합니다. 에너지 소비량은 기하급수적으로 증가해, 이대로라면 앞으로 200년 정도면 지구 자원이 없어져버릴 것이라는 말도 나옵니다. 그리고 가까운 미래에 기대되는 에너지원은 핵융합입니다. 수소를 핵융합하면 질량이 감소하고, 감소한 질량만큼의 에너지를 추출할 수 있습니다.

에너지 획득의 진화

반물질을 사용하는 방법도 있습니다. 물질과 반물질을 충돌시키면 질량이 0이 되어 모든 질량을 에너지로 변환할 수 있습니다. 에너지 효율은 핵융합의 1,000배 이상이나 됩니다. 그래서 반물질이 미래의 에너지 같지만, 사실 그렇지 않습니다. 반물질은 이 우주에 존재하지 않기 때문에 석유를 채굴하듯이 자원을 구하는 것은 불가능합니다. 또한 반물질을 만들려면 반물질과 물질로부터 추출할 수 있는 에너지의 1억 배만큼의 에너지가 필요합니다. 따라서 반물질을 에너지원으로 사용할 수는 없습니다.

과학 기술이 발달해 다른 행성에서 자원을 구한다고 해도 인류가 이대로 계속 지구에 산다면, 서기 3,000년 무렵에는 에너지 소비량이 높아 지구 환경이 크게 바뀌어 생명이 살 수 없다는 말도 있습니다. 그래서 인류는 가까이에 있는 천체인 달과 이웃 행성을 목표로 합니다. 지구에서 소비할 수 없게 된 막대한 에너지를 가까운 천체에서 회수하거나 그대로 현지에서 사용하는 것입니다. 달에는 대량의 자원이 있고 소행성에도 귀중한 희유금속이 많이 포함되어 있습니다.

지구를 탈출한 지구 생명은 점차 다른 행성에 거주하기 시작해, 행성을 개조하고 많은 자원을 사용할 수 있는 기술을 손에 넣을 것입니다. 그러면 인류는 마침내 궁극의 에너지원인 태양 에너지를 자유롭게 사용할 수 있습니다. 그것이 바로 '다이슨 구'입니다.

다이슨 구는 태양을 완전히 둘러싸서 태양의 에너지를 남김없이 활용하는 거대한 구조물입니다. 다이슨 구의 완성은 1단계였던 문명이 2단계로 이행하는 커다란 전환점입니다. 다이슨 구에서는 무한정의 에너지를 입수할 수 있습니다. 사용할 수 있을지 없을지는 차치하더라도 현재 지구에 쏟아져 내리는 태양 에너지는 전 세계가 소비하는 에너지의 70배입니다. 그리고 태양이 방출하는 모든 에너지는 지구에 쏟아져 내리는 양의 1억 배입니다. 즉 태양 에너지를 제어할 수 있다면 행성을 자유롭게 개조하거나 행성 궤도를 변경하거나, 태양계를 통째로 이동시키는 에너지도 손에 넣을 수 있습니다.

3,000년 후에 항성을 지배한다

에너지 소비량의 증가율을 생각하면 우리는 앞으로 3,000년 정도 후에 항성계의 에너지를 모두 사용할 수 있는 2단계 문명이 될 것입니다. 고작 3,000년이라니 의아하게 생각할지도 모르지만, 그만큼 우리의 에너지 소비량은 기하급수적으로 증가하고 있습니다. 2단계 문명이 되더라도 호기심이 남아 있다면 태양계에 머물지 않고 가까운 항성계로 진출하고 싶을 것입니다. 태양에서 가장 가까운 항성인 켄타우루스자리 별까지 거리는 4광년입니다. 그 밖에도 수십 광년의 범위 안에는 수십 개의 항성이 있는데, 현재의 기술로는 너무나 먼 거리입니다. 하지만 2단계라면 항성 간 이동이 가능할 정도의 기술을 가지고 있을 것입니다.

일찍이 인류에게 하늘을 난다거나 달에 가는 것이 꿈같은 이야기였던 것과 마찬가지로, 현재의 우리가 켄타우루스자리 알파별로 나서는 꿈을 2단계 문명에서는 실현할 수 있을 것 같습니다.

은하계를 지배하는 문명

여기까지 여러 가지를 이야기했는데, 3단계를 목표로 하는 문명이나 3단계 문명을 상상하는 것은 급격히 어려워집니다. 왜냐하면 3단계 문명은 은하에 존재하는 3,000억 개 항성의 에너지를 자유롭게 사용하고 은하의 중심인 블랙홀로부터 에너지를 추출할 수 있는 문명이기 때문입니다. 우리가 가진 최신 기술의 연장선으로는 상상조차 불가능합니다. 이웃 항성조차 커뮤니케이션을 취하려면 몇 년이 필요하고, 은하 크기로 보면 전자기파를 사용하더라도 10만 년이나 필요합니다. 과연 그런 생명은 서로 커뮤니케이션을 하고 있을까요? 전혀 다른 종류로 살아가고 있을까요? 아니면 새로운 물리 법칙을 발견해 시공간 조작이라도 하고 있을까요?

지구 외 생명체를 여기까지 이해하면 한 가지 궁금한 점이 생깁니다. '왜 우리는 지구 외 생명체와 조우하지 못할 뿐만 아니라 그 흔적조차 발견할 수 없을까?' 이것은 앞에서 소개한 페르미 역설입니다. 다시 돌이켜보겠습니다.

지구가 탄생한 것은 지금으로부터 46억 년 전의 일입니다. 138억 년 전에 우주가 탄생했다고 본다면 지구는 아직 너무 젊습니다. 지구 생명이 지구 자원을 에너지로 변환해 사용하기 시작한 것은 불과 20~30만 년 전입니다. 즉 0.72의 문명이 되기까지 20만 년이 걸렸다는 것을 알 수 있습니다.

은하에는 지구보다 20만 년 이상 전에 탄생한 행성이 많이 존재합니다. 20만 년은 고사하고 100만 년, 1,000만 년, 1억 년, 10억 년 등 더 오래된 행성도 존재합니다. 이렇게 본다면 이미 우리은하에는 지구와 마찬가지로 1단계에도 도달하지 못한 문명은 물론, 3단계 문명까지 있다고 해도 이상하지는 않습니다. 하지만 우주를 계속 관찰해 온 인류는 아직 지구 외 생명체의 흔적 하나 발견하지 못했습니다.

지구보다 조금 진보한 0.8단계 정도의 문명이 있다면 접촉하는 데 전자기파를 사용할 수도 있겠지요. 2단계를 목표로 하는 문명이 있다면 다이슨 구로 인해 광도가 급속도로 떨어지는 항성도 있을 것입니다. 전자기파라는 느린 수단을 쓰지 않는 3단계 문명이라면 항성을 이동시키거나 순식간에 에너지를 흡수하거나, 행성을 파괴하거나 거대한 구조물을 만드는 등, 은하 안에서 극적인 변화가 일어나고 있을 것입니다.

3단계 문명이 활동할 때 주위에 퍼지는 에너지는 상당히 클 것입니다. 하지만 우리는 그 흔적을 하나도 발견하지 못했습니다. 어쩌면 우리가 이렇게 상상하고 있는 것 자체가 문명 수준이 낮은 행위일지도 모릅니다. 즉 3단계 문명에서 본 우리는 지적 생명으로서 인지할 만한 가치가 없을지도 모릅니다. 혹은 커뮤니케이션이라는 개념조차 없을지도요.

은하군을 지배하는 문명

카르다쇼프 척도가 정의하는 세 단계의 문명 이외에도 더 진보된 문명을 생각하는 과학자도 있습니다. 은하계의 에너지를 자유롭게 사용하는 3단계 문명은 이웃 은하를 목표로 하면서 결국에는 은하군에 존재하는 여러 은하에 걸쳐 영역을 확장합니다. 이것이 4단계 문명입니다. 최신 물리학에서 보더라도 이동 가능한 거리는 기껏해야 은하군의 안쪽뿐이며, 아무리 고도의 기술을 가진 문명이라도 이웃 은하군에 가기는 어렵습니다. 하지만 이는 4단계 문명에는 관계없는 일일지도 모릅니다. 그리고 4단계 문명은 은하군에서 벗어나는 방법을 발견할 것입니다.

우주 전체를 지배하는 문명, 우주를 벗어나는 문명

은하군을 벗어난 4단계 문명은 우주로 뻗어나가 이윽고 우주 전체를 지배합니다. 이것이 5단계입니다. 그리고 물리학자에 따라서는 6단계 문명의 존재를 확신하는 사람도 있습니다. 6단계 문명은 우주에서 벗어나 상상조차 할 수 없는 미지의 무언가를 하고 있을 것입니다.

우리가 품는 호기심, 우주란 무엇일까요? 우주의 바깥쪽에는 무엇이 있을까요? 6단계 문명이란 과연 어떤 문명일까요? 혹시 이 우주를 만든 것이 6단계 문명일까요?

또 다른 관점에서 문명을 생각하는 과학자도 존재합니다.

1단계를 충족하지 못한 우리는 집이나 차를 제조하고 화학 반응으로 새로운 재료를 만들어냅니다. 2단계와 3단계의 문명에서는 분자와 원자를 직접 조작해 상상도 하지 못할 복잡한 구조물을 만들어내는 기술이 있습니다. 은하군을 넘나드는 4단계 문명이 되면 원자핵을 조작하고 소립자를 만들어 물질을 직접 설계하여 새로운 물질을 만들어낼 수 있다고 합니다. 그리고 우주로 뻗어나간 5단계 문명은 암흑물질과 암흑에너지를 조작해 시간과 공간을 자유자재로 다룰 가능성이 있습니다.

카르다쇼프 척도에는 애초에 근본적인 문제가 있다고 비판하는 전문가도 많습니다. 우리보다 기술이 진보한 문명을 상상할 때 사고방식의 뿌리에 있는 것은 우리의 과거입니다. 애초에 2단계와 3단계 문명에는 우리의 사고방식이 통용되지 않을 것이라는 의견입니다. 많은 개미가 그들의 관점에서 먼 미래를 예측한다고 해도 인간의 행동을 이해하지 못하는 것과 마찬가지입니다.

지구라는 집에 살고, 거기서 약간 도약한 정도의 기술을 가진 우리에게 우주는 매우 광활합니다. 지구와 동떨어진 혹독한 환경의 우주는 우리가 우주로 나아가는 것을 거부하는 것 같기도 합니다. 한편 인적 없는 산길에 발을 들여놓는 순간, 미개척의 동굴을 탐험하는 그때, 일상에서 벗어난 우리가 약간의 용기를 내어 새로운 곳으로 나아갔을 때, 그 긴장감과 즐거움은 앞으로의 우주개발과 같은 것일지도 모릅니다. 지구에서 도약해 태양계라는 커다란 집을 손에 넣은 수천 년 후의 지구 생명이 은하계를 목표로 하는 그 순간, 기술이 크게 진보했더라도 그들이 느끼는 고양감은 우리의 느낌과 같을 것 같습니다.

마치며

우주를 안다는 것은 상식에 구애받지 않는 것

우주에 오신 것을 환영합니다.

여러분은 지금 우주에 서 있습니다.

이 책을 통해 이 말의 세계관은 좀 바뀌었나요? 가족과 지내는 즐거운 시간이 있는 한편, 만원 전철의 괴로운 출퇴근, 그리고 인간관계로 고민하는 일도 있겠지요. 하지만 그런 우리도 광활한 우주에 떠 있는 작은 집 '지구'라는 이름의 행성에 사는 거주민에 불과합니다. 당시만 해도 커다란 고민이었던 것이, 같은 취미를 가진 동료나 친구와 대화를 나누다보면 아무 일도 아닌 양 지나가버립니다. 사람은 일상을 편하게 지내기 위해 스스로 자기 세계를 만들고, 그 세계는 시간이 지날수록 점점 작아집니다. 그리고 자기 안의 고민은 자기 세계가 작아질수록 커집니다. 지구 전체를 보더라도 마찬가지입니다. 국가 간의 경쟁과 환경 문제, 같은 인간끼리의 문제도 있습니다. 어쩌면 그것은 지구라는 작은 세계 안에 인류가 살고 있기 때문일지도 모릅니다.

1985년 6월 사우디아라비아의 공군 파일럿 술탄은 최연소로 우주왕복선 승무원에 선발되어 우주로 날아올랐습니다. 우주에서 지구를 본 그는 이렇게 말했습니다.

"처음 1일째인가 2일째는 다들 자기 나라를 가리켰다. 3일째, 4일째는 각자 자기 대륙을 가리켰다. 5일째, 우리 눈에 비치고 있는 것은 오직 지구 하나밖에 없음을 깨달았다."

국가를 가르는 국경이 우주에서 보이지 않는 것은 당연합니다. 우리가 늘 스스로 만들어내고 있는 세계와, 세계의 바깥을 가르는 경계는 존재하지 않습니다. 우리가 사는 곳은 쾌적한 지구라는 하나의 집입니다.

우주로 도약하면 달라지는 세계관. 그리고 인류의 시선은 이미 우주로 날아오르고 있습니다. 지구와 우주를 갈라놓고 생각해 왔던 다양한 이론은 일반상대성이론과 양자역학의 등장으로 인해 그 경계가 없어졌습니다. 또 다양한 이론에서 탄생한 새로운 기술 개발로 인해 멀게만 느껴졌던 우주는 점점 친근해지고 있습니다. 우주로 도약했을 때 인류의 세계관이 크게 바뀐 것처럼 화성에 이주하고 태양계로 뻗어나가는 미래의 세계관을 실감했으면 합니다.

이제 마지막입니다. 이 책을 마무리하면서 저의 필명인 고고쇼고라는 이름의 유래를 소개하겠습니다.

일본에서는 1872년 11월 9일(양력 12월 9일_옮긴이)부로 태정관 포고('태정관'은 일본 메이지 정부의 최고 국가 기관, 즉 당시의 '행정명령'에 해당_옮긴이) 제337호에 오전과 오후의 정의와 시간을 부르는 방법이 게재되었습니다. 그런데 오후 0시라는 표현만은 기재되지 않았습니다(일반적으로 '정오'를 가리키는 시각입니다).

정오는 오전일까요, 오후일까요? 이렇게 답이 나올 것 같으면서도 나오지 않는 특이점과 같은 세계에, 저는 '우주의 낭만' 같은 것을 느끼고 가슴이 두근거렸습니다.

'오후'나 '정오'라는 단어는 지금도 일반적으로 사용됩니다. '그렇다면 오후 정오(고고쇼고)라는 단어가 있을까?' 저는 호기심에 구글 검색을 해보았습니다. 물론 제가 갑자기 떠올린 단어였으니 검색 결과로 나오는 것은 없었습니다. 그런데 저는 여기서 더욱 장난기가 발동했습니다. 이 '오후 정오'라는 말이 일반적이지 않다면 제 크리에이터명으로 해보자는 것이었습니다.

물론 '있을 수 없는(잘못된)' 단어지만, 과학의 역사를 돌이켜보면 천동설처럼 예전에 '당연'했다고 여겨지던 것이 지동설로 크게 뒤집힘으로써 과학이 진보했던 것처럼 '오후 정오'라는 '있을 수 없는' 이름에는 수많은 상식을 타파했던 선인들에게 보내는 경의와 감사의 의미도 담겨 있습니다.

이제 구글에 '오후 정오'를 검색해 보면 '오후 정오'라는 자동완성 키워드가 표시됩니다. 그리고 많은 분의 성원을 받아 책을 출판하게 되었습니다. 세상에 없던 '오후 정오'라는 단어를 만들어낸 것, 그리고 많은 분께 성원을 받았다는 기쁨. 이 감사함을 잊지 않고 앞으로도 많은 분께 도움이 되는 정보를 전해드리고 싶습니다.

2021년 10월

고고쇼고

우 주
모멘트

1 판 1 쇄 2023 년 10 월 27 일
1 판 2 쇄 2024 년 5 월 31 일

지은이	일본과학정보 (고고쇼고)
감수	와타나베 준이치
옮긴이	류두진
한국어판 감수	황정아
펴낸곳	로북
펴낸이	김현경
디자인	로우파이
제작	세걸음
출판등록일	2021 년 4 월 7 일
팩스	02 6434 5702
이메일	lobook.0407@naver.com
Blog	blog.naver.com/lobook0407
Instagram	instagram.com/lobook_publishing
ISBN	979-11-974411-3-4 03440